工伤预防理论与实践

主编　刘辉霞

汕頭大學出版社

图书在版编目（CIP）数据

工伤预防理论与实践 / 刘辉霞主编. -- 汕头 : 汕头大学出版社, 2020.12

ISBN 978-7-5658-4213-9

Ⅰ. ①工… Ⅱ. ①刘… Ⅲ. ①工伤事故－事故预防 Ⅳ. ①X928.03

中国版本图书馆CIP数据核字(2020)第265026号

工伤预防理论与实践

GONGSHANG YUFANG LILUN YU SHIJIAN

主　　编：刘辉霞
责任编辑：汪艳蕾
责任技编：黄东生
封面设计：刘紫薇
出版发行：汕头大学出版社
广东省汕头市大学路243号汕头大学校园内　邮政编码：515063
电　　话：0754-82904613
印　　刷：廊坊市海涛印刷有限公司
开　　本：710mm×1000 mm　1/16
印　　张：7
字　　数：147 千字
版　　次：2020 年 12 月第 1 版
印　　次：2022 年 4 月第 1 次印刷
定　　价：58.00 元
ISBN 978-7-5658-4213-9

《工伤预防理论与实践》编委会

主　编

刘辉霞

副主编

刘国斌　罗文焕　季　华

编　委

（按姓氏笔画排序）

马丽芬　王　平　王艳霞　王琛琪　丘益康　司洪涛
任月忠　刘飞跃　刘中海　刘红玉　刘良月　李　航
李春艳　李健勇　李雪婷　何伟平　张　攀　张剑辉
陆诚敏　陈艳芬　林　惠　郑兴权　郑杰凯　贺朝时
黄　诚　黄容芳　鄂婉婷　崔丽萍　韩　刚　韩育峰
谢　松　詹金广　魏庆荣

前　言

预防，就是未雨绸缪，从思想、知识、技能、物质、制度等方面预先做好防备，是防止或减少人身财产风险事件最有效、最经济、最安全的办法。俗话说：“三分处置、七分预防”“防胜于治”无不说明预防之重要。凡事从坏处准备，努力争取最好的结果，有备无患，遇事不慌，牢牢把握主动权，才能真正做到应急有方，从容应对。

工伤预防是建立健全工伤预防、工伤补偿和工伤康复“三位一体”工伤保险制度的重要内容，是避免和减少工伤事故和职业病的发生、有效保障职工的生命安全、减少经济损失、促进企业安全发展和社会和谐稳定的关键手段。

当前，我国的《社会保险法》《工伤保险条例》明确了工伤预防工作的重要性与必要性，充分体现“以人为本，生命至上”的理念，关口往前移，把工伤预防工作作为社会保障、工伤保险的重要组成部分，凸显出工伤预防在工伤保险制度中的积极主动作用。

本书系统阐述了工伤预防的相关理论和方法，对目前国内较推崇的现场互动与持续改善式工伤预防培训模式进行了详细介绍，对国内工伤预防工作开展较早较好的城市，进行了深度分析与经验分享。同时，本书也对常见的事故致因理论和常见事故的预防、应急与现场处置措施进行了分析研究，以期让读者对工伤预防工作有一个全面系统的了解。

总之，笔者精心规划，认真编写，投入了大量的时间和精力，力求内容科学准确。同时，在编写过程中，笔者还参考和借鉴了大量同行的书籍和研究成果，在此表示最诚挚的谢意。但由于工伤预防工作尚处于起步阶段，可借鉴资料相对欠缺，时间较为仓促，加之笔者水平所限，书中难免有不尽完美之处，敬请广大读者在使用过程中提出宝贵意见。

编者

目　录

第一章　工伤预防理论与方法

预防，就是未雨绸缪，从思想、知识、技能、物质等方面预先做好防备，是防止或减少人生风险事件发生概率及其造成损失最有效、最经济、最安全的办法。

预防分为三级，一级预防是最积极、最有效、最主动的预防措施，就是在尚未发生问题的时候采取措施，避免或减少隐患的出现。具体措施如下。

（1）针对机体预防措施：增强机体抵抗力，戒除不良嗜好，进行系统的预防接种与机体调整。

（2）针对环境的预防措施：对生物、物理和化学因素做好预防工作。排除环境中的工伤危险因素，加强工伤预防宣传与培训，将事故隐患扼杀在萌芽阶段。

（3）对社会因素导致事故的预防：人际关系、心理因素等引起的社会事件，做好预防工作。

一级预防，即采用常规宣传、培训、应急演练、技能比武、工作岗位日查表、班会、晨会、常规检查等措施，加强群众的预防意识，提高群众的预防知识和技能，避免隐患的出现或做好工伤危险因素的排查。这一阶段事故并未发生，但某些工伤危险因素可能已经存在。消除风险隐患，筑牢安全防线。

二级预防，即在事故发生时，及时制止、及时处理、及时善后的“三及时”预防措施。这一级的预防是通过“三及时”对所发生的事故果断妥善处理，防止事故扩大伤害范围或二次伤害或进行性伤害。

三级预防主要是事故发生后的补偿与康复等善后处理措施，防止事态进一步恶化，导致更严重的后果所采取的措施。

从以上可以得出“三分处置、七分预防”无不说明预防之重要。事后处置不如事中控制，事中控制不如事前预防。凡事从坏处准备，努力争取最好的结果，有备无患！预防贵于金！

众所周知，除了疾病，各种自然灾害、意外伤害及其他人生风险事件，都随时威胁家人的安全和健康。意外和明天不知道哪一个先来！因此，做好工伤预防工作事不宜迟。

工伤预防是建立健全工伤预防、工伤补偿和工伤康复三位一体工伤保险制度的重要内容，是避免和减少工伤事故和职业病的发生，有效保障职工的生命安全，减少经济损失，促进企业的稳定发展和社会的稳定的关键手段。

第一节　事故致因理论

一、事故及其基本特征

（一）事故的含义

广义上来讲，事故就是指人们在为实现某种意图或目的而进行的行动过程中，突然发生的、违反人的意志的、迫使行动暂时或永久地停止的一种意外事件。该定义包含了三个层次上的含义。

（1）事故发生的背景，即"为实现某种意图或目的而进行的行动过程"。事故是发生在人类生产和生活活动中的一种特殊事件。因此，人们如果要将这些活动按照自己的意图或目的持续下去，就必须采取适当的措施来避免事故的发生。

（2）事故是一种"突然发生的、违反人的意志"的一种意外事件。由于导致事故的原因非常复杂，事故的发生往往具有随机性的特点。人们很难准确地预测什么时间、在什么地点、发生什么类型的事故。因此，事故预防也是一项非常困难的工作。

（3）事故导致的后果，即事故的发生将迫使人们将进行着的生产和生活活动"暂时或永久地停止"。因此，事故的发生，必然会给人们正常的生产和生活活动带来某种形式的不利影响。

事故又可分为生产事故和非生产事故两大类。由于生产活动是人类一切其他活动的基础，因此，生产事故也是本书所要着重论述的重点。

生产事故是指企业在从事生产经营活动的过程中突然发生的，造成人员伤亡或疾病、系统 / 设备损坏、社会财产损失，或环境破坏等后果，从而导致原生产经营活动被暂时或永久性地停止的一类意外事件。根据生产事故发生后所导致后果的不同情况，又可以将其划分为人身伤害事故、设备事故和险肇事故三种类型。其中，人身伤害事故也称为工伤事故。

（二）事故的基本特征

综合事故理论的研究，事故具有以下几个基本特征。

(1)事故的因果性特征。事故的发生，是由一系列相互关联的因素共同作用的结果。引发事故的原因是多方面的。因此，在对事故进行调查处理的过程中，需要弄清楚哪些是导致事故发生的直接原因和间接原因，哪些是导致事故发生的最根本原因。针对根源寻找有效的对策和措施。

（2）事故的随机性、必然性和规律性特征。事故是指一定的条件下可能发生、也可能不发生的随机事件。由于这一随机性的特征，事故发生的时间、地点以及事故的状态和后果等，都具有很大的偶然性和不确定性。因此，即便完全掌握了事故原因，想要完全杜绝事故的发生也是十分困难的，有时甚至是不可能的。

但另一方面，虽然对于单个的事故，人们往往不易发现其规律，然而，在特定的范围内，如果能够正确地运用一些科学手段或方法（如概率与数理统计方法），我们仍可以从大量事故的外部和表面的联系中找到其内部隐含的决定性的主要关系，略知其大致的必然性、近似的规律性。这也是事故预防的主要依据。

（3）事故的潜在性、再现性和预测性。事故的发生，往往具有随机性的特征。然而，导致事故的危险因素则是长期存在的。随着时间的推移，一旦受到特定事件的触发，这些危险因素就会显现出来，酿成事故。这就是事故的潜在性特征。

事故一经发生，就成为过去。时间是不可逆的，完全相同的事故不会重复出现。然而，如果我们没有真正地了解导致事故的根本原因，并有针对性地采取一些控制措施，类似的事故再次出现就不可避免。

如前所述，人们根据对过去事故规律的认识和经验总结，借助于科学的手段和方法，仍然可以实现对未来可能发生的事故进行预测，并进而采取相应的控制措施，把隐患或危险因素消除在萌芽状态，做到防患于未然。不过需要指出的是，事故预测的难度是远远高于其他预测的。

二、事故模式理论

（一）事故模式理论概述

事故模式理论是通过对大量典型事故本质原因的分析，提炼出的事故机制与事故模型。这些机制和模型描述了事故的成因、经过和后果，反映了事故内在的规律性，对于人们认识事故本质，指导事故调查、事故分析及事故预防等有着十分重要的作用和意义。

随着科学技术的发展和人类生产方式的变革，事故的本质规律不断发生变化，人们对事故的认识也在不断深入，目前，世界上先后出现了十几种具有代表性的事故模式理论和事故模型。其中对我国影响较大的主要有如下几种。

（1）事故因果连锁理论。

（2）系统观点理论。

（3）轨迹交叉理论。

（4）能量转移理论。

（5）事故原点理论。

（6）心理动力理论。

（7）扰动起源事故理论。

（8）事故倾向理论等。

限于篇幅，我们仅对其中的部分事故模式理论和事故模型作简要介绍。要更为详细的论述，读者可查阅相关文献。

（二）海因里希的事故因果连锁理论

美国著名安全工程师海因里希（W.H.Heinrich）在其《工业事故预防》一书中，最早提出了事故因果连锁理论（也称为多米诺骨牌理论），用以阐明导致伤害事故的各种因素之间以及这些因素与事故之间的关系。该理论的核心思想是：伤害事故的发生并不是一个孤立的事件，而是由一系列互为因果的原因事件相继发生而导致的结果。根据海因里希的理论，伤害事故的因果连锁过程主要包括以下五种因素。

（1）社会环境及先天的遗传因素（M）：社会环境及先天的遗传因素是造成人性格存在缺陷的原因。社会环境可能妨碍人安全素质的培养，助长一些不良性格的发展；而先天的遗传因素则可能是造成人粗鲁、固执等不良性格的根源。因此，该因素是事故因果链上的最基本因素。

（2）人的缺点（P）：由于社会环境及先天的遗传因素造成的人的缺点，是导致人的不安全行为和物的不安全状态的原因。这些缺点既包括诸如粗鲁、固执、轻率等先天上的性格缺陷，也包括诸如安全生产知识或技能欠缺等后天上的不足。

（3）人的不安全行为或物的不安全状态（H）：所谓人的不安全行为与物的不安全状态，是指那些曾经引起事故或者可能引起事故的人的行为，或机械、物质的状态。它们是造成事故的最直接原因。

（4）事故（D）：这里的事故是指物体、物质或放射线等由于失去控制而作用于人体，使人受到或可能受到伤害的一类意外性事件。

（5）人员的伤害（A）：即由事故直接产生的人身伤害后果。

海因里希认为，工业伤害事故的发生、发展过程，可以描述为以上五种因素的因果关系链：①人员伤害（A）的发生是事故（D）的结果。②事故（D）的发生，是由于人的不安全行为或者物的不安全状态（H）所致。③人的不安全行为或物的不安全状态（H），是由于人的缺点（P）造成的。④人的缺点（P），起源于不良的社会环境或先天的遗传因素（M）。

人们通常用多米诺骨牌来形象地描述这一事故因果连锁关系。如果某一块骨牌倒下（意味着原因要素的出现），则将发生连锁反应，后面的骨牌相继被碰倒（各因素的相继发生）。

海因里希事故因果连锁理论确立了正确分析事故致因的事件链这一重要概念，简单、明了、直观显示了事故发生的因果关系。该理论的积极意义在于：只要抽去因果连锁中的任意一块骨牌，即可破坏事故链的因果关系，阻断事故发生与发展的进程。海因里希强调，企业安全的中心工作就是要移去骨牌——防止人的不安全行为或物的不安全状态，从而阻止事故的发生。

然而事实上，各骨牌（要素）之间的联系并不是单一的，具有随机性、复杂性的特征。海因里希事故因果连锁理论的不足之处就在于把事故致因的事件链描述得过于绝对化和简单化，而且过多地考虑了人的因素。尽管如此，该理论模型由于其形象化和在事故致因理论研究中的先导作用，因而有着重要的历史地位。

（三）系统观点理论

系统观点理论把人、机和环境作为一个系统（整体），研究人 – 机 – 环境之间的相互作用，反馈和调整，从中发现事故的致因，揭示预防事故的途径。该理论着眼于下列问题的研究。

（1）机械的运行情况和环境的状况如何，是否正常。

（2）人的特性（生理、心理、知识技能）如何，是否正常。

（3）人对系统中的危险信号感知，认识理解和行为响应如何。

（4）机械的特性与人的特性是否相容。

（5）人的行为响应时间与系统允许的响应时间是否相容。

在这些问题中，又特别关注对人的特性的研究，如：①人对机械和环境状态变化信息的感觉和察觉怎样；②对这些信息的认识和理解怎样；③采取适当响应行动的知识怎样；④面临危险时的决策怎样；⑤响应行动的速度和准确性怎样。

系统观点理论认为，事故的发生是来自人的行为与机械特性间的失配或不协调，是多种因素互相作用的结果。该理论有许多种事故致因模型，其中比较具有代表性的是美国人瑟利（J.Surry）在 1969 年提出的瑟利模型。该模型根据人的认知过程对事故致因进行分析，把事故的发生过程分为危险出现和危险释放两个阶段，这两个阶段各自包括一组类似认知信息处理过程，即感觉、认识和行为响应。

首先，在危险出现阶段，如果人的信息处理的每个环节都正确，危险就能被消除或得到控制；反之，就会使操作者直接面临危险。然后，在危险释放阶段，如果人的信息处理过程的各个环节都是正确的，则虽然面临已经显现出来的危险，但仍然可以避免危险释放出来，不会带来伤害或损害；反之，危险就会转化成伤害或损害。

该模型从人、机、环境的综合上，对危险从潜在到显现、从而导致事故和伤害或损害的过程进行了深入细致的分析，给人以多方面的启示。比如，为了防止事故，关键之一就在于对危险的发现与识别。这涉及操作者的感知能力、环境的干扰、危险相关的知识和技能等。因此，对安全管理的改善就应该致力于这些方面问题的解决：如人员的选拔和培训、作业环境的改善、监控报警装置的设置等。

（四）轨迹交叉理论

轨迹交叉理论的基本思想是：伤害事故是由许多相互关联的事件顺序发展的结果。这些事件可概括为人和物（包括环境）两大发展系列。当人的不安全行为和物的不安全状态在各自发展过程中，在一定的时间和空间内发生接触（交叉），能量“逆流”于人体时，伤害事故就会发生。而人的不安全行为和物的不安全状态之所以产生和发展，又是多种因素作用的结果。

轨迹交叉理论反映了绝大多数事故的情况。按照这一理论模型，人的不安全行为和物的不安全状态是导致事故的最直接原因。通过加强安全教育和安全技能培训、进行科学的安全管理等措施来控制人的不安全行为，或者通过改进生产工艺、设置有效的安全防护装置等措施来根除生产过程中的危险条件，消除生产作业重物的不安全状态，使人与物两大发展轨迹避免交叉，可以有效地防止事故的发生。

（五）能量转移理论

在人类社会生产和生活活动中，往往需要涉及各种形式的能量，如机械能、热能、电能、电离辐射、化学能、生物能等。正常的生产过程中，必须对能量采取各种措施进行有效的控制，使其按照人们的意愿流动、转换和做功，以实现生产的目的。如果由于某种原因，能量由于失去控制而发生异常或意外的释放，就有可能导致事故。从能量的观点出发，美国安全专家哈登（Haddon）等人把事故的本质定义为：事故是能量的不正常转移。如果意外释放的能量作用于人体，并超过了人体的承受能力，则人体将受到伤害；如果意外释放的能量作用于设备或建筑物，并且超过了它们的抵抗能力，则将造成设备或建筑物的损坏。

由能量引起的人身伤害，大致分为两大类：一类为人体由于受到超过其承受能力的各种形式能量的作用而造成的伤害；另一类是由于人体与外界能量交换受到影响而造成的伤害，如表 1–1 和表 1–2 所示。

表 1–1　能量类型与伤害

能量类型	造成的伤害	举例
机械能	刺伤、割伤、撕裂、挤压皮肤和肌肉、骨折、内部器官损伤	物体打击、车辆伤害、机械伤害、起重伤害、高处坠落、坍塌、冒顶片帮、放炮、火药爆炸、瓦斯爆炸、锅炉爆炸、压力容器爆炸等
热能	皮肤发炎、烧伤、烧焦、焚化伤及全身	灼伤、火灾
电能	干扰神经 – 肌肉功能、电伤	触电
电离辐射	细胞和亚细胞成分与功能的破坏	辐射装置泄漏、核材料临界事故、放射性废物污染
化学能	化学性皮炎及烧伤、致癌、致遗传突变、致畸胎、急性中毒、窒息	中毒和窒息、火灾

表 1-2　影响能量交换的类型与伤害

影响能量交换的类型	造成的伤害	举例
氧的利用	局部或全身生理损害	中毒和窒息
其他	局部或全身生理损害（冻伤、冻死）、热痉挛、热衰竭、热昏迷	

与其他事故模式理论相比，能量转移理论的优点在于：一是把伤亡事故的直接原因归结于各种能量对人体的伤害，从而决定了将对能量源及能量传送装置的控制作为防止或减少伤害事故发生的最佳手段这一原则；二是依据该理论建立的伤亡事故统计分类方法，可以对伤亡事故的类型和性质等作出全面、系统的概括和阐述。

三、事故的预防与控制

（一）海因里希事故法则

海因里希事故法则又称 1 ∶ 29 ∶ 300 法则，是由美国安全工程师海因里希（H.W.Heinrich）对 55 万起机械伤害事故进行统计分析的基础上提出的，即：300 起机械伤害事故中，会造成死亡或重伤事故 1 起，轻伤或微伤事故 29 起，无伤事故 300 起。这一有关事故的统计规律，得到了安全界的普遍认同。

该事故法则告诉人们：若不对现实中广泛存在的人的不安全行为和物的不安全状态进行有效的控制，就有可能形成 300 起无伤害的虚惊事件，而这 300 起无伤害虚惊事件的控制失效，则有可能出现 29 起轻伤害事故，直至最终导致死亡或重伤事故的出现。因此，如果要消除 1 起死亡或重伤事故以及 29 起轻伤或微伤事故，就必须首先消除 300 起无伤事故。也就是说，防止灾害事故发生的关键，在于必须从基础上抓好安全工作。如果安全的基础工作做得不好，导致小事故接连不断，就很难避免重大事故的发生。

将海因里希事故法则应用于企业安全生产管理，我们可得到以下几点启示：第一，任何一起事故都有其发生与发展的原因，并且是有征兆的；第二，企业生产活动是可以控制的，事故是可以避免的；第三，该事故法则可以为企业管理者提供一种安全生产管理的方法，用以及时发现事故的征兆并进行控制。

利用海因里希事故法则进行安全生产管理的主要步骤如下。

（1）生产过程程序化。只有实现生产过程的程序化，才能使整个生产过程都变得可以考量，这是发现事故征兆的前提。

（2）划分责任。对每一个程序都要划分相应的责任，并落实到人；要让他们认识到安全生产的重要意义。

（3）找出可能发生事故的程序点。根据生产程序，列出每一个可能发生事故的程序点及事故征兆，培养员工对事故先兆的敏感性和警觉性。

（4）定期检查。在每一个程序上，都要制定相应的检查制度，并监督实施，以及早发现事故的征兆。

（5）及时报告隐患。在任何程序上，一旦发现事故隐患，就要及时报告、及早排除。

（6）重视小事故。在生产过程中，如果总有一些小事故发生，即使避免不了，也应引起足够的重视并及时进行治理。如果当事人无法治理，应向有关负责人报告，以便找出这些小事故背后的隐患，避免更大事故的发生。

（二）事故预防与控制的原则

美国安全工程师海因里希通过对美国 75 000 起工业伤害事故的调查分析发现：大约占总数 98% 的事故都是可以预防的，而只有 2% 的事故超出了人能力所能达到的范围，是不可预防的。在这些可预防的工业事故中，以人的不安全行为作为主要原因的事故有 88%，以物的不安全状态为主要原因的事故占 10%。

结合海因里希的研究，我们给出事故预防与控制的原则如下。

（1）以人为本，提高人的可靠性，控制事故。在由人、机、环境等要素组成的安全系统中，人始终起着主导性的作用。有统计资料表明，70% ～ 75% 的伤亡事故都是由人的违章指挥、违章操作等原因引起的。以人为本，通过对上岗作业人员的选拔、心理素质和安全知识技能的培训以及必要的监控手段等措施来提高人的可靠性，已成为控制人的不安全行为，减少伤亡事故发生的有效方法。

（2）采用危险控制技术，对危险源实施分级控制。根据危险源意外释放能量的大小，可将其可能造成的危险划分为可容许的、尽可能降低的与不容许的三种。对于可容许的危险，我们暂时可以不必采取措施，但对于后两者，则应当根据实际情况尽可能地采取措施，或立即采取措施。

1）消除危险：即通过选择适当的设计方案、工艺过程或者原材料，来彻底消除生产工艺过程或设备中存在的危险因素，实现物的本质安全。例如，用不可燃材料来代替可燃材料，以防止火灾；用液压系统代替气压和电气系统，既可避免压力容器或管线破裂造成冲击波，又可防止电气事故的发生等。

2）降低危险：在一些危险因素不能被根除的情况下，可以通过实施工艺改革，用低毒、低燃性物质来代替高毒、高燃性物质，或者通过附加安全防护装置、将危险源与操作者相隔离等办法，来对危险因素进行限制。例如，对进入油库的人员作禁止烟火的规定，就是把可燃物、助燃物与火源分开，以防止火灾的发生等。

3）限制危险：通过采取一些工程技术措施或管理措施，如对有爆炸危险的锅炉实现自动化控制，缩短高温、高噪声岗位工人的作业时间等，或者使用个人防护用品的方法，使工人少接触或者不接触危险因素。

（3）治理不良环境因素，改善作业环境。如改变作业场所的布局，合理安排作业者的作业区域与安全宽度；改善色彩、照明、噪声、振动等环境因素与微小气候（包括温度、湿度、风速、热辐射等），创造舒适宜人的环境条件，从而使作业人员产生良好的健康心理，减少发生事故的可能性。

第二节　危险源辨识

一、危险因素根源及分类

（一）危险因素概述

危险因素是指能对人造成伤亡、对物造成突发性损坏或影响人的身体健康导致疾病、对物造成慢性损坏的各种因素。通常为了区别客体对人体不利作用的特点和效果，可将其划分为危险因素和危害因素。这里，危险是指特定危险事件发生的可能性与后果的结合，强调突发性和瞬间作用。危害是指可能造成人员伤害、职业病、财产损失、作业环境破坏的根源或状态，强调在一定时间范围内的积累作用。有时对两者不加以区分，而统称为危险、有害因素或直接称之为危险因素。客观存在的危险、有害物质和能量超过临界值的设备、设施和场所，都可能成为危险因素。

尽管各种危险因素表现形式不同，但从本质上讲，之所以能造成危险后果（伤亡事故、损害人身健康和物的损坏等），均可归结为存在能量、有害物质和能量、有害物质失去控制两方面因素的综合作用，并导致能量的意外释放或有害物质泄漏、散发的结果。故可以认为，存在能量、有害物质和能量、有害物质的失控是危险因素产生的根源，也是最根本的危险因素。

1. 能量与有害物质

一般来说，系统具有的能量越大、存在的有害物质的数量越多，系统潜在的危险性也就越大。另一方面，只要进行生产活动，就需要相应的能量和物质，因此所产生的危险因素是客观存在的，是不能完全消除的。

能量就是做功的能力，它既可以造福人类，也可以造成人员伤亡和财产损失；一切产生、供给能量的能源和能量的载体在一定条件下，都可能是危险因素。例如：锅炉、爆炸危险物质爆炸时产生的冲击波、温度和压力，高空作业的势能，带电导体上的电能，行驶车辆的动能，噪声的声能，激光的光能，高温作业及剧烈热反应工艺装置的热能，各类辐射能等，在一定条件下都能造成各类事故。静止的物体棱角、毛刺、地面等之所以能伤害人体，也是人体运动、摔倒时的动能、势能造成的。这些都是由于能量意外瞬间释放而形成的危险因素。

有害物质在一定条件下能损伤人体的生理功能和正常代谢功能，破坏设备和物品的效能，也是最根本的危害因素。例如，作业场所中由于有毒物质、腐蚀性物质、有害粉尘、窒息性气体等有害物质的存在，当它们直接、间接与人体、物体发生接触，能导致人员的死亡、职业病、伤害、财产损失或环境的破坏等，都是危险因素。

2. 能量和有害物质的失控

通过生产工艺和工艺装备使能量、物质（包括有害物质）按人们的意愿在系统中流动、转换，进行生产；同时又必须约束和控制这些能量与物质，消除、减弱产生不良后果的条件，使之不能发生危险。如果发生失控（没有控制、屏蔽措施或控制、屏蔽措施失效），就会发生能量、有害物质的意外释放和泄漏，从而造成人员伤害和财产损失。所以失控也是一类危险因素，它主要体现在设备故障（或缺陷）、人员失误和管理缺陷3个方面，并且三者之间是相互影响的；它们大部分是一些随机出现的现象和状态，很难预测它们在何时、何地，以何种方式出现，是决定危险发生的条件和可能性的主要因素。

（1）设备故障：设备故障包括生产、控制、安全装置和辅助设施等。故障是指系统、设备、元件等在运行过程中由于性能低下而不能实现预定功能的现象。在生产过程中故障的发生是不可避免的，迟早都会发生；故障的发生具有随机性、渐进性或突发性，故障的发生是一种随机事件。造成故障发生的原因很复杂，即认识程度、设计、制造、磨损、疲劳、老化、检查和维修保养、人员失误、环境、其他系统的影响等，但故障发生的规律是可知的，通过定期检查、维修保养和分析总结可使多数故障在预定期间内得到控制。掌握故障发生的规律和故障率是防止故障发生造成严重后果的重要手段，需要应用大量统计数据和概率统计的方法进行分析、研究。系统发生故障并导致事故发生的危险、危害因素主要表现在发生故障、误操作时的防护、保险、信号等装置缺乏、缺陷和设备在强度、刚度、稳定性、人机关系上有缺陷。例如，电气设备绝缘损坏、保护装置失效造成漏电伤人，短路保护装置失效又造成交配电系统的破坏；控制系统失灵为化学反应装置压力升高，泄压安全装置故障使压力进一步上升，导致压力容器破裂、有毒物质泄漏散发、危险气体泄漏爆炸，造成巨大的伤亡和财产损失；管道阀门破裂、通风装置故障造成有毒气体侵入作业人员呼吸带；超载限制或起升限位安全装置失效使钢丝绳断裂、重物坠落，围栏缺损、安全带及安全网质量低劣为高处坠落事故提供了条件等，都是故障引起的危险因素。

（2）人员失误：人员失误泛指不安全行为中产生不良后果的行为，即职工在劳动过程中，违反劳动纪律、操作程序和方法等具有危险性的做法。人员失误在一定经济、技术条件下，是引发危险因素的重要因素。人员失误在生产过程中是不可避免的。它具有随机性和偶然性，往往是不可预测的意外行为；但发生人员失误的规律和失误率通过大量的观测、统计和分析是可以预测的。由于不正确态度、技能或知识不足、健康或生理状态不佳和劳动条件（设施条件、工作环境、劳动强度和工作时间）影响造成的不安全行为，各国根据以往的事故分析、统计资料将某些类型的行为各自归纳为不安全行为。我国《企业职工伤亡事故分类标准》(GB64W—1986)附录中将不安全行为归纳为操作失误（忽视安全、忽视警告）、造成安全装置失效、使用不安全设备、手代替工具操作、物体存放不当、冒险进入危险场所、攀坐不安全位置，在吊物下作业，机器运转时加油、修理、检查、调整、清扫等，有分散注意力行为、忽视使用必须使用的个人防护用品或用具、不安全装束、对易燃易爆等危险品处理、储藏等13类。例如误合开关使检修中的线路或电气设备带电、使检修中的设备意外启动；未经检测或忽视警告标志，不佩戴呼吸器等护具进入缺氧作业、有毒作业场所；汽车起重机吊装作业时吊臂误触高压线；不按规定穿戴工作服（帽），使头发或衣袖卷入运动工件；吊具选用不当、吊重绑挂方式不当，使钢丝绳断裂、吊重失稳坠落等，都是人员失误形成的危险、危害因素。

（3）管理缺陷：职业安全卫生管理是为保证及时、有效地实现目标，在预测、分析的基础上进行的计划、组织、协调、检查等工作，是预防事故、人员失误的有效手段。管理缺陷是影响失控发生的重要因素。

（4）环境因素：温度、湿度、风雨雪、照明、视野、噪声、振动、通风换气、色彩等环境因素都会引起设备故障或人员失误，也是发生失控的间接因素。

（二）危险因素的分类

对危险因素进行分类，是为便于进行危险因素分析。接下来介绍几种常用的危险因素分类方法。

1. 按《生产过程危险和有害因素分类与代码》进行分类

根据《生产过程危险和有害因素分类与代码》(GB/T13816—2009)的规定，将生产过程中的危险因素与有害因素分为人的因素、物的因素、环境因素、管理因素4类。此种分类方法所列危险、有害因素具体、详细、科学合理，适用于各企业在规划、设计和组织生产时，对危险因素的辨识和分析。

2. 按《企业职工伤亡事故分类》进行分类

《企业职工伤亡事故分类》(GB6441—1986)是一部劳动安全管理的基础标准，它适用于企业职工伤亡事故统计工作。为安全生产管理人员、企业广大职工和安全管理人员所熟悉，易于接受和理解，便于实际应用。但缺少全国统一规定，尚待在应用中进一步提高其系统性和科学性。依据该标准综合考虑引起事故的先发的诱导性原因、致害物、伤害方式等，将危险因素分为20类。

（1）物体打击：是指物体在重力或其他外力的作用下产生运动，打击人体造成人身伤亡事故，不包括因机械设备、车辆、起重机械、坍塌等引发的物体打击。

（2）车辆伤害：是指企业机动车辆在行驶中引起的人体坠落和物体倒塌、飞落、挤压伤亡事故，不包括起重设备提升、牵引车辆和车辆停驶时发生的事故。

（3）机械伤害：是指机械设备运动（静止）部件、工具、加工件直接与人体接触引起的夹击、碰撞、剪切、卷入、绞、碾、割、刺等伤害。不包括车辆、起重机械引起的机械伤害。

（4）起重伤害：是指各种起重作用（起重机安装、检修等）中发生的挤压、坠落、物体打击和触电。

（5）触电：包括雷击伤亡事故。

（6）淹溺：包括高处坠落淹溺，不包括矿山、井下透水淹溺。

（7）灼烫：是指火焰烧伤、高温物体烫伤、化学灼伤（酸、碱、盐、有机物引起的体内外灼伤）、物理灼伤（光、放射性物质引起的体内外灼伤），不包括电灼伤和火灾引起的烧伤。

（8）火灾。

（9）高处坠落：是指在高处作业中发生坠落造成的伤亡事故，不包括触电坠落事故。

（10）坍塌：是指物体在外力或重力作用下，超过自身的强度极限或因结构稳定性破坏而造成的事故，如挖沟时的土石塌方、脚手架坍塌、地置物倒塌等，不适用于矿山冒顶片帮和车辆、起重机械、爆破引起的坍塌。

（11）冒顶片帮。

（12）透水。

（13）爆破：是指爆破作业中发生的伤亡事故。

（14）火药爆炸：是指火药、炸药及其制品在生产中引发爆炸事故。

（15）瓦斯爆炸。

（16）锅炉爆炸。

（17）容器爆炸。

（18）其他爆炸：是指容器超压爆炸、轮胎爆炸等。

（19）中毒和窒息：包括中毒、缺氧窒息、中毒性窒息。

（20）其他伤害：是指除上述以外的危险因素，如摔、扭、挫、擦、刺、割伤和非机动车碰撞、轧伤等。

3. 按《常用危险检查表》进行分类

对照《常用危险检查表》有助于进行危险辨识。《常用危险检查表》表中一部分危险是针对某种危险场景所特有的，还有些危险是交错于多个子系统之间的普遍因素所导致的。这类危险在其他分类中也有所体现。

4. 按《职业危害因素分类目录》进行分类

依据卫生部颁发的《职业病危害因素分类目录》和《建设项目职业病危害评价规范》，将危害因素分为粉尘类、化学物质类、物理因素、生物因素、导致职业性皮肤病的危害因素、导致职业性耳鼻喉口腔疾病的危害因素、职业性肿瘤的职业病危害因素、其他职业病危害因素等10类。

（1）粉尘类：如矽尘、煤尘、石墨尘、炭黑尘、石棉尘、滑石尘、水泥尘、云母尘、陶瓷尘、铝尘、电焊烟尘、铸造粉尘、其他粉尘。

（2）放射性物质类（电离辐射）。

（3）化学物质类：如铅、汞、锰、镉、铍、铊、钡、钒、磷、砷、铀、砷化氢、氯气、二氧化硫、光气、氨、偏二甲基肼、氮氧化合物、一氧化碳、二硫化碳、硫化氢、磷化氢、磷化锌、磷化铝、氟、氰及腈类化合物、四乙基铅、有机锡、羰基镍、苯、甲苯、二甲苯、正己烷、汽油、一甲胺、有机氟聚合物单体及其热裂解物、二氯乙烷、四氯化碳、氯乙烯、三氯乙烯、氯丙烯、氯丁二烯、苯胺、甲苯胺、二甲苯胺、N，N-二甲苯胺、二苯胺、硝基苯、硝基甲苯、对硝基苯胺、二硝基苯、二硝基甲苯、三硝基甲苯、甲醇、酚、五氯酚、甲醛、硫酸二甲酯、丙烯酰胺、二甲基甲酰胺、有机磷农药、氨基甲酸酯类农药、杀虫脒、溴甲烷、拟除虫菊酯类、导致职业性中毒性肝病的化学物质，根据《职业性急性中毒诊断标准及处理原则总则》可以诊断的其他职业性急性中毒的危害因素。

（4）物理因素：如高温、高气压、低气压、局部振动。

（5）生物因素：如炭疽杆菌、森林脑炎病毒、布氏杆菌。

（6）导致职业性皮肤病的危害因素：如导致接触性皮炎的危害因素、导致光敏性皮炎的危害因素、导致电光性皮炎的危害因素、导致黑变病的危害因素、导致痤疮的危害因素、导致溃疡的危害因素、导致化学性皮肤灼伤的危害因素、导致其他职业性皮肤病的危害因素。

（7）导致职业性眼病的危害因素：如导致化学性眼部灼伤的危害因素、导致电光性眼炎的危害因素、导致职业性白内障的危害因素。

（8）导致职业性耳鼻喉口腔疾病的危害因素：如导致噪声聋的危害因素、导致铬鼻病的危害因素、导致牙酸蚀病的危害因素。

（9）职业性肿瘤的职业病危害因素：如石棉、联苯胺、苯、氯甲醚、砷、氯乙烯、焦炉、烟气、铬酸盐。

（10）其他职业病危害因素：如氧化锌、二异氰酸甲苯酯、嗜热性放线菌、棉尘、不良作业条件。

二、危险源辨识方法

（一）危险源概述

1. 第一类危险源

作用于人体过量的能量或干扰人体与外界能量交换的危险物质是造成人员伤害的直接原因。于是，把系统中存在的、可能发生意外释放的能量或危险物质称作第一类危险源。实际工作中往往把产生能量的能量源或拥有能量的能量载体看作第一类危险源来处理。例如带电的导体、奔驰的车辆等。常见的第一类危险源包括：产生、供给能量的装置、设备，使人体或物体具有较高势能的装置、设备、场所；能量载体，一旦失控可能产生巨大能量的装置、设备、场所；如强烈放热反应的化工装置等；一旦失控可能发生能量蓄积或突然释放的装置、设备、场所，如各种压力容器等；危险物质，如各种有毒、有害、可燃烧爆炸的物质等；生产、加工、储存危险物质的装置、设备、场所，人体一旦与之接触将导致人体能量意外释放的物体。

第一类危险源具有的能量越多，一旦发生事故，其后果越严重。反之，系统比较安全。

2. 第二类危险源

在生产、生活中，为了利用能量，让能量按照人们的意图在系统中流动、转换和做功，必须采取措施约束、限制能量，即必须控制危险源。约束、限制能量的屏蔽应该可靠地控制能量，防止能量意外释放。实际上，绝对可靠的控制措施不存在。在许多因素的复杂作用下约束、限制能量的控制措施可能失效，能量屏蔽可能被破坏而发生事故。导致约束、限制能量措施失效或破坏的各种不安全因素称作第二类危险源，包括人的失误、物的故障、环境因素三个方面的问题。

（1）人的失误：人因失误可能直接破坏对第一类危险源的控制，造成能量或危险物质的意外释放。例如，合错了开关使检修中的线路带电、误开阀门使有害气体泄露等。人因失误也可能造成物的故障，物的故障进而导致事故。例如，超载起吊重物造成钢丝绳断裂，发生重物坠落事故。

（2）物的故障：物的故障可能直接使约束、限制能量或危险物质的措施失效而发生事故。例如，管路破裂使其中的有毒有害介质泄漏等。有时一种物的故障可能导致另一种物的故障，最终造成能量或危险物质的意外释放。例如，压力容器的泄压装置出现故障，使容器内部介质压力上升，导致容器破裂。物的故障有时会诱发人因失误、人因失误会造成物的故障，实际情况比较复杂。

（3）环境因素：环境因素主要指系统运行的环境，包括温度、湿度、照明、粉尘、通风换气、噪声和振动等物理环境，以及企业和社会的软环境。不良的物理环境会引起物的故障或人因失误。例如，潮湿的环境会加速金属腐蚀而降低结构或容器的强度、工作场所强烈的噪声影响人的情绪，分散人的注意力而发生人因失误，企业的管理制度、人际关系或社会环境影响人的心理，可能引起人因失误。

3. 第三类危险源

不符合安全的组织因素，如组织程序、组织文化、规则制度等，包含组织中人的不安全行为、失误等，都称为第三类危险源。如强调预防事故的“第三双手（安全文化）”和面向人及组织不安全行为控制的研究，都属于第三类危险源的控制。

值得强调的是，事故的发生往往不是一类危险源作用的结果，而是三类危险源共同作用，导致防御系统失效的结果。第一类危险源的存在是事故发生的物质性前提，它影响事故发生后果的严重程度，是事故发生的物质根源。没有第一类危险源就没有能量或危险物质意外释放，也就不存在事故。第二类危险源的出现是第一类危险源导致事故的必要条件，没有第二类危险源破坏对第一类危险源的控制，也不会发生能量或危险物质的意外释放。第三类危险源不同于个体的人，个体的人存在于第二类危险源里，第三类危险源是第一类危险源和第二类危险源之后的深层原因，是事故发生的一个组织性前提，是充分条件。以汽车为例，高速行驶的汽车本身就是危险源，它里面的汽油是第一类危险源，司机的违章、汽车的部件失灵、天气不好、能见度比较差等，属于第二类危险源，安全文化理念缺失、有关的交通规则或者安全培训缺失、交通安全管理松懈、司机单位对汽车的维护管理或者司机的挑选、考核、配备等方面的问题，都属于第三类危险源。

（二）危险源辨识方法

对于危险源辨识的方法有直观经验分析方法和系统安全分析方法。

1. 直观经验分析方法

直观经验分析方法适用于有可供参考先例、有以往经验可以借鉴的系统，不能应用在没有可供参考先例的新开发系统。具体又可分为对照、经验法和类比法两类。

（1）对照、经验法：指对照有关标准、法规、检查表或依靠分析人员的观察分析能力，借助于经验和判断能力对评价对象进行直观分析的方法。

以前，人们主要根据以往的事故经验进行危险源辨识。例如，海因里希建议通过与操作人员交谈或到现场安全检查、查阅以往的事故记录等方式发现危险源，日本中央劳动灾害防治协会推广危险预知活动进行危险源辨识。

20 世纪 60 年代以后，国外开始根据法规、标准和安全检查表进行危险源辨识。例如，美国职业安全卫生局（OSHA）等安全机构制定、发行了各种安全检查表。安全检查表是集合以往的事故分析、找出的问题形成的，其优点是简单易行，缺点是重点不突出，又难免挂一漏万。

（2）类比方法：利用相同或相似工程系统或作业条件的经验和劳动安全卫生的统计资料来类推、分析评价对象，辨识危险源。

2. 系统安全分析方法

系统安全分析就是运用相关性原理、类推和概率推断原理、惯性原理等系统安全理论，对工业生产系统（包括生产工艺过程、生产装置、工作环境以及工作人员等）的安全状况进行定性定量诊断分析，对系统存在的事故隐患进行辨识。目前，系统安全分析的方法有许多种，可适用于不同的系统安全分析过程。其中在危险因素的辨识过程中得到广泛应用的主要有安全检查表法、危险性预先分析、故障类型及影响分析、危险与可操作性研究、事件树分析、事故树分析、原因－后果分析等。

（1）定性分析方法：主要是根据工作经验和判断能力对生产系统的工艺、设备、环境、管理、人员等方面的安全状况进行定性分析与评价。安全检查表法，预先危险性分析，故障危险分析，运行危险分析（OHA），系统危险分析及子系统危险分析（SHA），故障模式、影响及致命度分析（FMECA），危险可操作性研究（OS）等方法均可归属于定性分析方法。这类方法的特点是理论简单、便于操作、评价过程及结果直观。该方法一般通过检查表形式来实施，在我国安全管理实践中得到了广泛应用。

（2）概率危险评价技术：是根据系统元部件或子系统的事故发生概率，求解整个系统的事故发生概率。这类分析评价技术方法常用事故树分析法、事件树分析法来具体实施。应用概率危险评价技术，通过对系统可能发生的事故进行事故树分析或事件树分析，建立数学模型、选定目标函数，然后求解。该方法是一种定性与定量相结合的技术方法，通常要求基础数据准确、逻辑分析正确、判断和假设合理。

（3）危险指数评价方法：典型的危险指数评价方法有美国道化学公司的火灾、爆炸指数法，英国帝国化学公司蒙德工厂的蒙德评价法，日本劳动省的六阶段安全评价法，我国化工厂普遍采用的危险程度分级方法等。定量指数的采用使得化工厂这类系统结构复杂、用概率难以表述各类因素危险性的危险源的评价有了一个可行的方法。危险指数评价方法以危险物质为基础，同时考虑了工艺过程中的操作方式、工艺条件、设备状况、物料处理、安全装置等因素的影响，来计算各单元的危险度数值，然后按照数值大小划分危险度等级。该方法操作简单实用，广泛应用于石油化工、兵器工业等领域。

（4）基于人－机－环－管四因素的系统综合评价方法：主要通过对系统综合管理、系统危险性、设备危险性、作业环境、人员素质等因素进行可靠性分析，从系统固有危险性、系统安全管理及系统现实危险性三个方面，建立综合的系统安全分析评价方法。它在我国机械、化工、航空、地质、冶金、煤炭等行业不同程度地得到了应用。该方法在工艺设备比较规范、操作人员比较稳定、管理档案及统计数据比较齐全的条件下有较高的置信度。

（5）系统安全分析的人工神经网络方法：因影响系统安全性的基本因素多，关系复杂，数据干扰大，因素测度难以确定，将高度非线性的人工神经网络模型应用于系统安全分析评价，通过不同层之间神经元之间的学习、组织和推理，以网络输出层的评价模式作为分析评价的结果，为系统安全分析与评价提供了新思路。

三、重大危险源辨识

重大危险源定义为长期地或临时地生产、加工、搬运、使用或贮存危险物质，且危险物质的数量等于或超过临界量的单元。单元指一个（套）生产装置、设施或场所，或同属一个工厂的且边缘距离小于500m的几个（套）生产装置、设施或场所。

（一）英国ACMH重大危险源辨识标准

英国是最早系统地研究重大危险源控制技术的国家，1976 年英国重大危险源咨询委员会（ACMH）首次建议了重大危险源的标准，并于 1979 年提出了修改标准，如表 1–3 所示。

表 1–3　辨识重大危险源的修改标准

重大危险源类别	物质种类	数量 /t
第一类为毒物	光气	2
	氯气	10
	丙烯腈	20
	氯化氢	20
	二硫化碳	20
	二氧化硫	20
	溴	40
	氨	100
第二类为极毒物质	1mg 以内能将人致死的极毒液体、气体及固体物质	10–4
第三类为高反应性物质	氢气	2
	环氧乙烷	5
	环氧丙烯	5
	无机过氧化物	5
	硝化火药	50
	硝酸铵	500
	氯酸钠	500
	液氧	1000
第四类为其他物质和工艺过程	上述 1 ～ 3 类未包括的易燃气体	15
	上述 1 ～ 3 类未包括的易燃液体	20
	液化石油气（如民用煤气、丙烷和丁烷）	30
	1.01 × 105Pa（1atm）下沸点低于 0℃，未包括在上述 1 ～ 3 类液化易燃气体	50
	闪点低于 21℃，未包括在上述 1 ～ 3 类易燃液体	10 000
	复合化肥	500
	泡沫塑料	500
具有 5MPa 以上的眼里且容积超过 $200m^3$ 高压能量设施		

（二）其他的重大危险源辨识标准

1982 年 6 月欧共体颁布了《工业活动中重大事故危险法令》，简称《塞韦索法令》。该法令列出了 180 种物质及其临界标准。1996 年 12 月欧共体通过了 82/501/EEC 的修正件，其中修正件的第一部分列出了 29 种（类）物质及临界量，第二部分列出了 10 类物质及临界量，如表 1–4 所示。

表 1–4　欧共体用于重大危险源辨识的重点控制危险物质

类别	物质名称	临界量 /t
一般性易燃物质	易燃气体	200
	极易燃液体	50 000
特殊易燃物质	氢气	50
	环氧乙烷	50
特殊爆炸性物质	硝铵	2500
	硝酸甘油	10
	梯恩梯	100
特殊毒性物质	氨气	500
	丙烯腈	200
	二氧化硫	250
	硫化氢	50
	氰化物	20
	二氧化碳	200
	氟化物	50
	氯化氢	250
	三氧化硫	75
极毒物质	甲基异氰酸盐	0.15
	光气	0.75

国际经济合作与发展组织在 OECD Council Act（88）84 中列出了 19 种重点控制的危险物质，如表 1–5 所示。

表 1–5　OECD 用于重大危险源辨识的重点控制危险物质

类别	物质名称	临界量 /t
易燃、易爆和易氧化物质	易燃气体	200
	极易燃液体	50 000
	环氧乙烷	50
	氯酸钠	250

（续表）

类别	物质名称	临界量/t
易燃、易爆和易氧化物质	硝酸铵	2500
毒物	氨气	500
	氯气	25
	氰化物	20
	氟化物	50
	甲基异氰酸盐	0.15
	二氧化硫	250
	丙烯腈	200
	光气	0.75
	甲基溴化物	200
	四乙铅	50
	乙拌磷	0.1
	硝苯硫磷脂	0.1
	杀鼠灵	0.1
	涕天威	0.1

1988 年，国际劳工组织编写了《重大事故控制使用手册》，1991 年，该组织又出版了《重大工业事故的预防》，而这均对重大危险源的辨识方法及控制措施提出了建议，1993 年通过了《预防重大工业事故公约》。

1992 年美国劳工部职业安全卫生管理局颁布了《高度危害化学品处理过程的安全管理》标准，该标准定义的处理过程是指涉及一种或一种以上高危险化学物品的使用、贮存、制造、处理、搬运等任何一种活动或这些活动的结合，在标准中提出了 138 种（类）化学物质及其临界量。随后，美国环境保护署（EPA）颁布了《预防化学泄漏事故的风险管理程序》（RMP）标准，对重大危险源的辨识提出了规定。

第三节　职业健康安全管理体系

职业健康安全管理体系（OHSMS）是 20 世纪 80 年代后期在国际上兴起的现代安全生产管理模式，它与 ISO9000 和 ISO14000 等标准化管理体系一样被称为后工业化时代的管理方法。

一、职业健康安全管理体系概述

（一）职业健康安全管理体系产生背景

职业健康安全管理体系标准是以系统安全的思想为核心，采用系统、结构化的管理模式，为组织提供了一种科学、有效的职业健康安全管理要求和指南。

OHSMS 产生的两个主要背景原因之一是企业自身发展的需要。随着企业规模扩大和生产集约化程度的提高，对企业的质量管理和经营模式提出更高的要求，使企业不得不采用现代化的管理模式使包括安全生产管理在内的所有生产经营活动科学化、标准化、法律化。包括杜邦、飞利浦在内的一些大型公司在进行质量管理的同时，也建立了与生产管理同步的安全生产管理制度，这些制度和方法进一步形成了标准，并逐渐得到更多企业的认可。

产生 OHSMS 的另一个背景原因是在全球经济一体化潮流推动下出现的职业安全卫生标准一体化。早在 20 世纪 80 年代末 90 年代初，一些跨国公司和大型的现代化联合企业为强化自己的社会关注力和控制损失的需要，开始建立自律性的职业安全卫生与环境保护的管理制度，并逐步形成了比较完善的体系。到 90 年代中期，为了实现这种管理体系的社会公正性，引入了第三方认证的原则。

系统化管理是现代职业健康安全管理的显著特征。系统化的职业健康安全管理是以系统安全的思想为基础，从企业的整体出发，把管理重点放在事故预防的整体效应上，实行全员、全过程、全方位的安全管理，使企业达到最佳安全状态。所谓系统安全，是人们为预防复杂系统事故而开发、研究出来的安全理论、方法体系，是在系统寿命期间内应用系统安全工程和管理方法，辨识系统中的危险源，并采取控制措施使其危险性最小，从而使系统在规定的性能、时间和成本范围内达到最佳的安全程度。

随着世界经济全球化的不断发展，发展中国家在世界经济活动中越来越多的参与，各国职业健康安全的差异使发达国家在成本价格和贸易竞争中处于不利地位。只有在世界范围内采取统一的职业健康安全标准，企业通过实施职业健康安全管理体系，能够系统化、规范化地管理其职业健康安全行为，提高其职业健康安全绩效，进而在国际贸易活动中处于主动地位。

（二）职业健康安全管理体系基本内容及特点

1. 职业健康安全管理体系基本内容

职业健康安全管理体系——总的管理体系的一个部分，便于组织对与其业务相关的职业健康安全风险的管理。它包括为制定、实施、实现、评审和保持职业健康安全方针所需的组织结构、策划活动、职责、惯例、程序、过程和资源。其结构如图 1–1 所示。

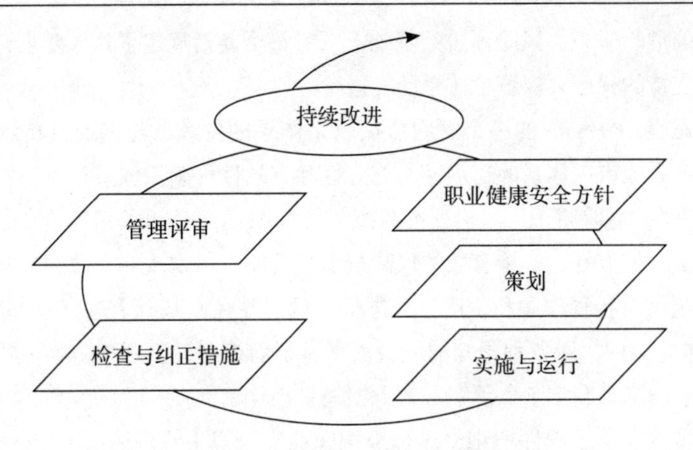

图 1–1　OHSMS 总体结构示意图

OHSMS 标准正文包括 5 个一级要素和 17 个二级要素，其中“4.2 职业健康安全方针”和 4.6 管理评审”既是一级要素，也是二级要素，具体如下（图 1–2）。

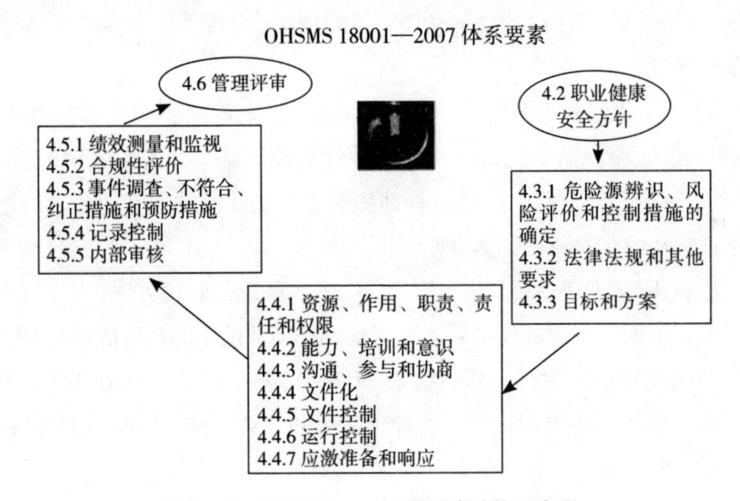

图 1–2　OHSMS 一、二级要素结构示意图

2. 职业健康安全管理体系特点

OHSMS 标准需要组织采取系统化的管理机制，建立体系结构、提供结构化运行机制和国际通用评审依据。其具有以下几方面特点。

（1）系统性：OHSMS 标准强调了组织结构的系统性，它要求企业在职业安全卫生管理中，同时具有两个系统，即从基层岗位到最高决策层的运作系统和检测系统，决策人依靠这两个系统确保体系有效运行。同时，它强调了程序化、文件化的管理手段，增强体系的系统性。

（2）先进性：坚持持续改进和工伤职业病预防，安全第一和预防为主贯穿于持续改进中。OHSMS 运用系统工程原理，研究、确定所有影响要素，把管理过程和控制措施建立在科学的危险辨识、风险评价的基础上，对每个要素规定了具体要求，建立、保持一套以文件支持的程序，保证了体系的先进性。

（3）动态性：OHSMS 的一个鲜明特征就是体系的持续改进，通过持续的承诺、跟踪和改进，动态地审视体系的适用性、充分性和有效性，确保体系日臻完善。

（4）预防性：危险辨识、风险评价与控制是 OSH 管理体系的精髓所在，它充分体现了“预防为主”的方针。实施有效的风险辨识与控制，可实现对事故的预防和生产作业的全过程控制，对各种作业和生产过程进行评价，并在此基础上进行 OHSMS 策划，形成 OHSMS 作业文件，对各种预知的风险因素做事前控制，实现预防为主的目的，并对各种潜在的事故隐患制定紧急预案，力求损失最小化。

（5）全员性和全过程性：OHSMS 标准把职业安全卫生管理体系当作一个系统工程，以系统分析的理论和方法要求全员参与，对全过程进行监控、实现系统目的。

（6）兼容性：OHSMS 作为企业管理体系的一项重要内容，与 ISO9000 和 ISO14000 具有兼容性，在战略和战术上具有很多的相同点：理论基础相同——戴明管理理论；指导思想相同——预防为主；体现精神相同——写所做、做所写、记所做。在管理工作中体现了一体化特征。

（7）承诺对法律法规及要求的遵守：OHSMS 遵循自愿原则，不改变组织法律责任。OHSMS 不是法律，而是规定组织如何遵守法律，基于原有国家地方行业的法律。OHSMS 标准中每个要素，每个运行过程都强调了对法律法规和其他要求的遵守，处处体现以严格遵守法律、执行法律为准则。

（8）广泛应用性：OHSMS 标准为组织提供了一种现代管理方法，未对 OHSMS 绩效提出绝对要求，不确定取得最佳结果。不同基础与绩效的组织都可能满足 OHSMS 要求，同基础与绩效组织不一定取得一样的结果。OHSMS 不必独立于其他管理系统体系，具有广泛适用性，适于各种类型规模、地理、文化和社会条件。同时 OHSMS 标准具有很大灵活性，没有行为标准。关心的是如何实现目标，不注重目标是什么。其适用于不同行业、不同规模以及不同性质的企业或单位，只要是想通过运行 OHSMS 标准提升企业管理水平和现状的企业都可以实施应用该标准。

（三）职业健康安全管理体系相关原理和理论

从职业健康安全管理体系自身来看，无论是标准的提出与制定，还是体系的具体运用、建立、运行，都是在坚实的原理和理论基础上产生和运行的，脱离这些原理和理论，职业健康安全管理体系将无从谈起。

1. 戴明 PDCA 循环管理理论

戴明（William Edwards Deming）博士是世界著名的质量管理专家，他对世界质量管理发展做出的卓越贡献享誉全球。戴明博士最早提出了 PDCA 循环的概念，所以又称其为戴明环。PDCA 循环是能使任何一项活动有效进行的一种合乎逻辑的工作程序，特别是在质量管理中得到了广泛的应用。P、D、C、A 四个英文字母所代表的意义如下。

P（Plan）——计划。包括方针和目标的确定以及活动计划的制定。

D（Do）——执行。执行就是具体运作，实现计划中的内容。

C（Check）——检查。就是要总结执行计划的结果，分清哪些对了，哪些错了，明确效果，找出问题。

A（Act）——行动（或处理）。对总结检查的结果进行处理，成功的经验加以肯定，并予以标准化，或制定作业指导书，便于以后工作时遵循；对于失败的教训也要总结，以免重现。对于没有解决的问题，应提给下一个 PDCA 循环中去解决。

OHSMS 标准的思想是建立在戴明 PDCA 管理理论基础上的，其运行程式按如下过程进行：方针、目标、计划（P）→职责、运行、实施（D）→监测、检查、审核（C）→评审、纠正、改进（A）。如图 1-3 所示 OHSMS 管理体系按照 PDCA 循环管理思想运行的相互关系。可以看出循环的起点线又高于第二次的……，逐次提高，持续改进。

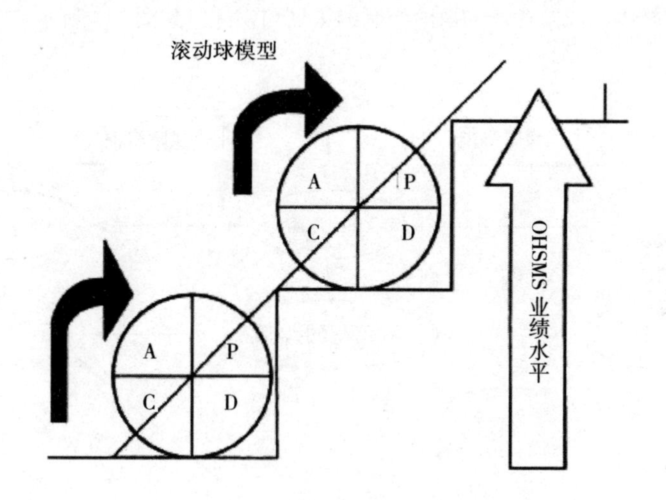

图 1-3　OHSMS 管理体系 PDCA 循环运行图

OHSMS 是企业总的管理体系中的一个子系统，其循环也是企业整个管理体系循环的一个子循环。

企业通过 OHSMS 不断循环运行和改善，最终达到以下目标：使职工和其他有关人面临的风险减少到最低程度；改善经营效果和帮助企业在市场竞争中树立起一种负责的形象。

2. 风险管理是职业健康安全管理体系的基础

OHSMS 标准是建立在“所有事故都是可以避免的”这一管理理念上的，即：如果我们能够预先知道会发生特定的一种危害，我们就能够通过管理和发挥我们的技能来避免事故发生或是设法使人、环境和财产免受损害，即能够对风险进行控制。其核心就是控制风险，降低或消除危险。

风险是可能发生有害后果的定量描述，即在一定时期产生有害事件的概率与有害事件后果的乘积，常用以下公式来表示其量化指标：

$$R=P\cdot S \tag{3-1}$$

式中 R——风险表征；

P——出现风险的概率，即单位时间内发生有害事件的次数；

S——风险事件的后果。

风险的大小既要看风险的发生概率，更要看风险的后果影响及造成损失的大小。风险是描述未来的随机事件，意味着不希望事件状态的存在，更表明了不希望有转化为事故的机制和可能性。人类社会要生产、技术要进步、经济要发展，不可避免地要遇到各种事故的风险。风险是一种客观存在，是一种不以人的意志为转移的可能发生的潜在危险。

职业健康安全管理体系运行，实质是对安全风险控制的全过程，其理论基础是风险管理，即危害辨识、风险评价和风险控制的策划与实施。如图 1–4 所示。

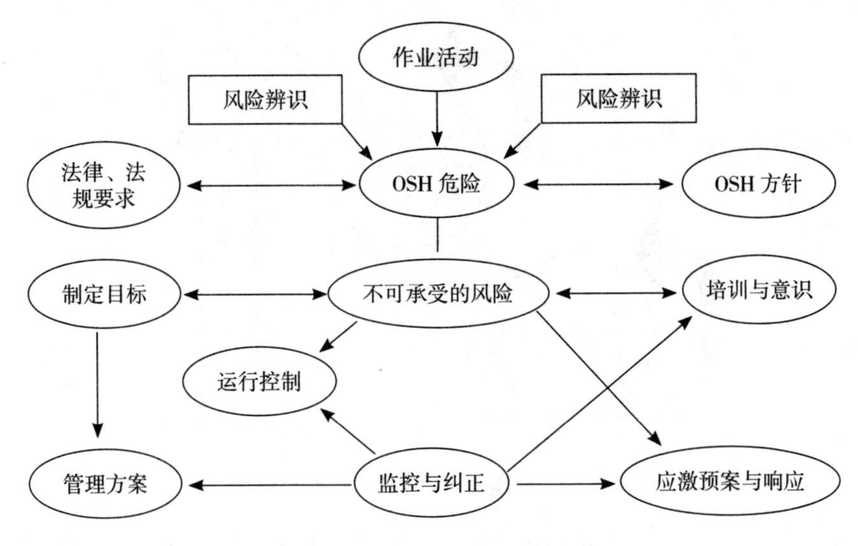

图 1–4　OHSMS 中风险控制示意

为了控制风险，首先要对用人单位所有作业活动中存在的危害加以风险识别，然后加以风险评价，对每种危害性事件判定出相应的风险等级，即高风险、中风险和低风险等级，依据法规要求和组织 OHSMS 方针确定不可承受的风险，而后针对不同等级风险采取不同的控制措施，尤其是对不可承受风险的控制。制定目标、管理方案、落实运行控制，准备紧急应变，加强培训，提高 OSH 意识，通过监控机制发现问题并予以纠正。

危害辨识、风险评价和风险控制策划的结果是体系的主要输入，即体系的几乎所有其他要素的运行均以危害辨识、风险评价和风险控制策划的结果作为重要的依据。

危害辨识、风险评价是体系运行的动力。这个过程是没有穷尽的，要求组织或单位应定期或及时评审和更新危害辨识、风险评价和控制措施的相关信息。

3. 安全系统理论

人类的安全系统是人、社会、环境、技术、经济等因素组成的大协调系统，安全系统的基础功能和任务如下：①满足人类安全生产与生存的需要（安全物质财富、安全精神财富）；②保障社会稳定和国民经济建设持续发展（安全环境）；③保障生产经营单位安全生产，推进工业文明（安全生产、工业文明）；④消除或减少意外伤亡事故及灾害对人类生命和健康的危害（生命、健康的安全）。

人类认识安全的运动规律和本质是从认识事故系统发展到预防事故的安全系统。

（1）事故致因系统：事故致因系统以认识事故为目的和对象。人们认为，发生事故的主要原因是人、物、环境、管理四大要素综合作用的结果。

人的因素主要是指人的不安全行为（最直接的因素），物的因素是指物的不安全状态（最直接的因素），环境因素是指环境不良和危害（重要因素），管理因素是指管理缺陷或不善（重要或者直接因素）。

认识事故系统因素是把人们的目的和对象集中在防范事故上，对指导人们打破事故系统、保障人民的安全健康有现实意义，但具有认识滞后、被动、经验、事后型的特点。

（2）事故致因模型

1）事故因果连锁论：1931 年海因里希（W.H.Heinrich）首先提出了事故因果连锁论，用以阐明导致事故的各种原因因素及事故的关系。该理论认为，事故的发生不是一个孤立的事件，尽管事故发生可能在某一瞬间，却是一系列互为因果的原因事件相继发生的结果。人们用多米诺骨牌来形象地描述这种事故因果连锁关系。

在事故因果连锁论中，以事故为中心，事故的原因概括为 3 个层次：直接原因、间接原因和基本原因。海因里希最初提出的事故因果连锁过程包括如下 5 个因素：遗传及社会环境、人的缺点、人的不安全行为或物的不安全状态、事故和伤害，如图 1–5 所示。

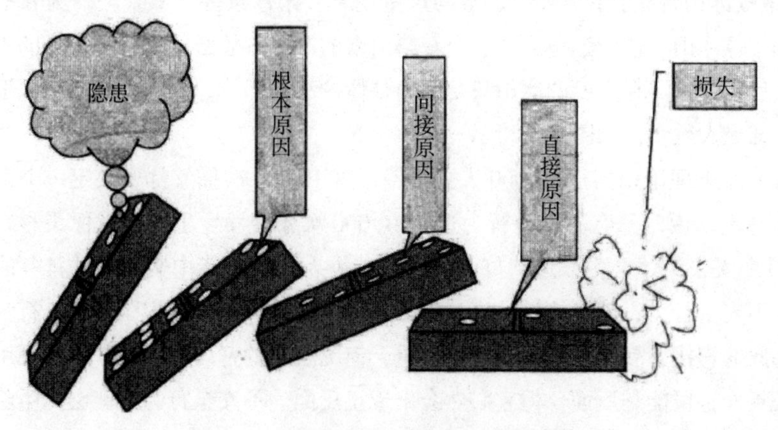

图 1–5　海因里希事故因果连锁论示意图

海因里希的事故因果连锁论，提出了人的不安全行为和物的不安全状态是导致事故的直接原因，这个是工业安全中最重要、最基本的问题。但是，海因希里理论也和事故频发倾向理论一样，把大多数工业事故的责任都归因于人的缺点等，表现出时代的局限性。

2）日本劳动省事故致因模型：日本劳动省认为事故是由于物与人之间发生了不希望的接触所致，之所以发生这种接触，是因为存在物的不安全状态和人的不安全行为，而物的不安全状态和人的不安全行为是安全管理的缺陷造成的。

图 1–6 所示是基本模型，它表明伤害是物、人相接触的结果。图中水平的虚线框代表物的运动系列，竖的虚线框代表人的运动系列。由于起因物存在不安全状态、人有不安全行为，导致加害物与人体发生了接触。起因物指由于存在不安全状态引起事故或使事故能发生的物体或物质，加害物指与人体接触（直接接触或人体暴露于其中）而造成事故的物体或物质。

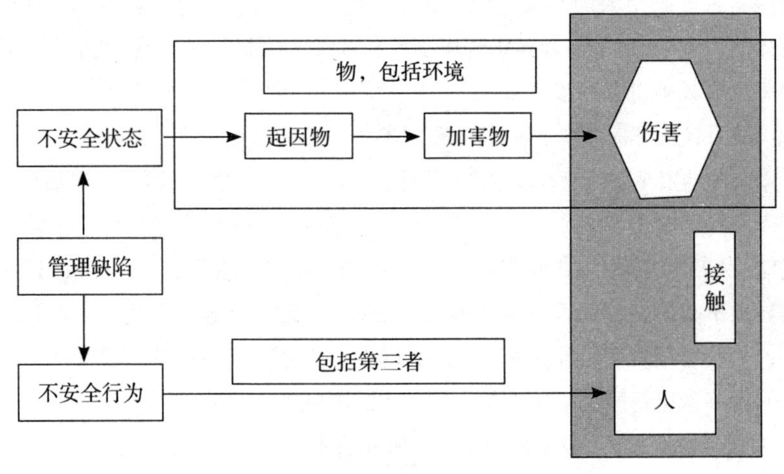

图 1–6　日本劳动省基本模型

3）事故冰山理论：造成死亡事故与严重伤害、未遂事件、不安全行为和不安全状态形成一个像冰山一样的三角形，一个暴露出来的严重事故必定有成千上万的不安全行为掩藏其后，就像浮在水面的冰山只是冰山整体的一小部分，而冰山隐藏在水下看不见的部分，却庞大得多，如图 1–7 所示。

事故的冰山理论相当于 10 000 人去抽签，每 10 000 次抽签都要决定一个人会丢掉性命。这并不是说，只有不安全行为达到 10 000 次才会发生事故，就像买彩票，不是第 10 000 个人去买才会中，运气好的话，第一个人买就可能中奖。条件具备的话，你的第一次不安全行为，就可能带给你一生的遗憾。如果大家都认识到不安全行为和事故关系是如此的直接，就会感觉到事态的严重，何况可能的背后是必然。一枚硬币自由落体可能是正面也可能是反面，但它必然会出现正反面。不安全行为可能会产生隐患，隐患可能会带来事故，数量累积到一定程度，就不是可能，是必然，必然会造成事故。隐患，必然会导致事故发生。

图 1–7 事故冰山理论模型

在工业事故中，人员受到伤害的严重程度具有随机性质。人员在受到伤害之前，已经数百次面临来自物的方面的危险。事故常常起因于人的不安全行为和机械、物质（统称为物）的不安全状态。人的不安全行为是大多数工业事故的原因。人员产生不安全行为的主要原因有：不正确的态度；缺乏知识或操作不熟练；身体状况不佳等；物的不安全状态主要有设备、设施缺陷、故障，或环境不良的物理环境。这些原因是采取预防不安全行为措施的依据。

根据事故冰山理论，OHSMS 标准要求组织尽可能消除或减少事故隐患，即减少不符合或轻微不符合的数量，降低风险，消除事故发生可能的条件或环境，最终降低或减少事故发生。

（3）安全系统：安全系统以系统的综合协调为目的和对象。安全系统的要素包括人、物、能量及信息四大安全子系统。

人——人的安全素质系统（心理、生理、安全技能、安全文化素质）。

物——设备与环境的安全、可靠性系统（设计、制造、使用的安全性）。

能量——活动过程中能量的安全流动系统（能量流的有效控制）。

信息——可靠的安全信息流系统（高速可靠的安全信息流，使系统内协调、管理有效）。

安全系统是超前预防事故，科学、动态、深层次认识安全的综合协调系统是非常必要的。从安全系统的动态特性出发，人类的安全系统是人、社会、环境、技术、经济等因素构成的大协调系统。无论从社会的局部还是整体来看，人类的安全生产与生存需要多因素的协调与组织才能实现。安全系统的基本功能和任务是满足人类的安全生产和生存的需要，因此，安全活动要以保障社会生产、促进社会经济发展、降低事故和灾害对人类生命和健康的影响为目的。为此，安全活动首先应与社会发展基础、科学技术背景和经济条件相适应、相协调。安全活动的进行需要经济和科学技术等资源的支持，安全活动既是一种消费活动，以生命和健康为目的，也是一种投资活动，以保障经济生产和社会发展为目的。

4. 全面管理原理

全面管理顾名思义就是说对涉及的各个环节、过程、人员、财物等均进行控制与管理，概括起来，可表述为三个大的方面：全员参与管理、全过程管理和全方位管理。

在全面管理原理中，特别强调坚持以下几个原则。

系统性原则：强调人—机—环境因素的综合管理。

动态性原则：建立空间—时间相联系的动态管理体系。

效果性原则：强调闭环管理，要讲求最终的效果和业绩。

阶梯性原则：不断改进、不断完善，建立持续发展的机制。

闭环原则：要求安全管理要讲求目的性和效果性，要有评价。

分层原则：管理目标结合实际，针对条件和可行性确定，不能不切实际地贪高，也不能无所追求。

分级原则：管理和控制要有主次，要讲求抓住重点，单项解决。

等同原则：从人的角度还是物的角度必须是管理因素的功能大于和高于被管理因素的功能。

反馈原则：对于计划或系统的输入要有自检、评价、修正的功能。

基于该理论，OHSMS 标准把职业健康安全管理体系当作一个系统工程，以系统分析的理论和方法要求人、机、环境和管理全方位管理，全员参与，对全过程进行监控，实现系统目的。

二、职业健康安全管理体系的建立

建立 OHSMS 一般要经过 OHSMS 标准培训、制订计划、OSHM 现状的评估（初始评审）、OHSMS 设计、OHSMS 文件编写、体系运行、内审、管理性复查（或称管理评审）、纠正不符合规定的情况、外部审核等基本步骤。

由于体系建立和实施将涉及用人单位的方方面面，最高管理者应任命 OSHM 代表，代表自己负责体系的管理工作，并至少赋予他（或他们）如下职权：按标准要求建立、实施和维护 OHSMS；向最高管理层汇报体系的运行情况，供管理层评审，并为体系的改进提供依据；协调体系建立和运行过程中各部门间的关系。

最高管理者应授权 OSHM 代表组建一个精干的工作班子，以完成初始评审及建立 OHSMS 的工作。工作班子成员应具备安全科学技术、管理科学和生产技术等方面的知识，对用人单位有较深的了解，并且来自用人单位的不同部门。工作班子成员在全面开展工作之前，应接受 OHSMS 及相关知识培训。

最高管理者应为体系建立提供其他资源，如工作班子成员的时间、硬件及软件投入所需的资金、办公条件、配合部门、信息资源等。

职业健康安全管理体系的建立可以分为主要的五个过程：准备阶段、初始职业健康安全评审、职业健康安全管理体系策划设计、职业健康安全管理体系文件编制和体系试运行实施。

（一）准备阶段

1. 学习与培训

由外部专家或技术咨询单位对用人单位管理层和专门工作班子成员以及职工进行 OHSMS 标准培训，是开始建立 OHSMS 时十分重要的工作。只有最高管理者深入理解该标准，才能真正把建立 OHSMS 的工作放在重要位置，用人单位最高管理层才会作出应有的承诺。只有专门工作班子成员全面理解标准，建立 OHSMS 的工作才能够得以正确规划和运作。培训工作要分层次、分阶段进行，培训必须是全员培训，大致可分为三个层次：领导干部培训、内审员培训和企业员工培训。中层以上干部要重点培训，要运用各种形式广泛、深入开展宣传，做到人人皆知，人人参与。作为用人单位领导和管理层，必须掌握 OHSMS 标准的基本内容、原理、原则，理解标准的内涵。

学习中应抓住以下几个要点。

（1）深刻理解和掌握标准中 17 个要素的逻辑内涵。“领导和承诺”是核心，“方针”是导向，“组织、资源和文件”是基本资源支持，“危害辨识、危险评价和控制”是实现事故预防的关键，“计划和实施、监测”是实现过程控制的基础，“审核和评审”是纠正完善及自我维护的保障。标准体现了以领导和承诺为核心，以方针目标等要素为支持，以审核和评审实现自我监督与持续改进的整体思想。

（2）结合全员、全方位、全过程管理，突出整体思维观；把“领导与承诺”和“一把手负责制”结合起来；把强调风险评价和事前预防结合起来；把“计划”及“实施与监测”和强调生产作业现场的“人、机、环”协调运行结合起来；把“审核与评审”与传统的监督检查结合起来。

（3）结合用人单位的实际学习标准。学习标准要做到理论联系实际，与用人单位的实际情况结合起来。只有从实际出发，才能真正掌握标准的内涵，理解其实用价值。

2. 制订计划

建立 OHSMS 是一项十分复杂和涉及面很广的工作，没有详细的工作计划是无法按期完成的。通常情况下，建立 OHSMS 需要一年以上的时间，据此，可以采用倒排时间表的办法制订计划。例如，假定用人单位确定 2017 年 12 月接受外审，外审前的所有工作必须在 2017 年 12 月前完成，依次可以排出 2016 年 10 月至 2017 年 11 月的总计划表，总计划批准后，就可制定每项具体工作的分计划，分计划与总计划的不同是任务到人、时间到天。

除了建立 OHSMS 工作总计划表和每项具体工作的分计划表，制订计划的另一项重要内容是提出资源需求，报用人单位最高管理层批准。

（二）初始职业健康安全评审

充分理解和掌握 OHSMS 标准后，要对用人单位的 OHSMS 现状进行调查和评估，称为初始评审。初始评审是用人单位全面了解 OSHM 状态的一种手段，是建好 OHSMS 的基础，其成果将直接决定体系建立的成败。组织要建立符合 GB/T28001—2011 要求的职业健康安全管理体系，需要通过初始评审来确定它的涉及职业健康安全管理的基础现状。

通过初始评审，分析组织现有管理基础与 GB/T28001—2011 要求的差距，针对这种差距，有针对性地构建其职业健康安全管理体系。

初始评审通过将组织的职业健康安全管理现状与 GB/T28001—2011 要求相比较，以确定标准要求的满足程度或是否要做出改进。

初始评审可提供给组织用于确定职业健康安全管理体系中是否存在差距的信息，也可指导组织制定用于对职业健康安全管理体系实施改进和优先改进的方案。

初始评审的目标是考虑将组织所面临的所有职业健康安全风险作为建立职业健康安全管理体系的基础。

1. 初始评审的内容

（1）明确适用于用人单位的法律、法规及其他要求。

（2）确定用人单位的生产或服务中的危险因素，进行危险评价和分级，列出具有重大危险的设备、设施或场所。

（3）评价现有的 OSH 用人单位机构、职责划分以及现有管理制度的有效性。

（4）评价用人单位的 OSH 现状与相关的法规、指南、标准等的符合程度。

（5）了解用人单位现行的 OSHM 操作惯例和程序的适用程度。

（6）对以往事故、事件不符合以及纠正、预防措施的评价。

（7）确定涉及用人单位采购和合同活动的现行方针和程序的适用程度。

（8）相关方的观点和要求。

（9）用人单位得到其他体系中有利于或不利于 OSH 的职能或活动。

OSHM 现状调查与评估结果将作为 OHSMS 设计的基础。

2. 实施评审

（1）信息收集及分析：在评审过程中，应注意从下列几方面收集信息：①组织、工业协会和政府保存的疾病、事故和急救记录。②员工的赔偿经历。保险公司对组织的要求的回复经历，保险金的组成及在工业行业中的比较结果。③组织掌握的事、病假资料，能够间接反映组织职业健康安全管理的薄弱环节。

此外，还要注意从组织的外部有关部门收集信息，这些部门包括：①和法规和许可证相关的政府机构；②图书馆和信息部门；③工业协会、企业家协会、工会；④消费者协会；⑤供应方；⑥职业健康安全专业人员。

每个组织都会发现它已包含一些管理体系的要素，所缺乏的是将其有机地结合到一起，形成一个完整的体系，用以改善职业健康安全绩效。

评审工作的一个有效开端是将标准中的每个要素的基本意图与组织现存管理实践和程序规定相比较。

一些核心要素需要仔细分析比较：①明确职业健康安全管理职责；②识别危险源，评价风险和风险管理；③与危险活动管理相关程序的文件化；④危险场所的职业健康安全审查；⑤培训。

其他要素可根据组织的需要和优先事项逐步进行分析。

（2）危险源辨识和风险评价：危险源辨识和风险评价是初始状态评审中的一项主要工作内容。如果危险源辨识和风险评价过程已经存在，要评审它们相对于 GB/T28001—2011 要求的充分性在初始评审过程中，组织要识别所存在的危险源，基于危险源的控制措施进行风险评价，为职业健康安全管理体系的建立提供输入信息。

要强调的是初始评审不能代替实施 GB/T28001—2011 的系统化和结构化的危险源辨识、风险评价和控制措施的确定的方法。但初始评审能为策划这些过程提供附加的输入信息。

3. 形成初始评审报告

（1）初评信息的归类：完成初始的现场评审后，应认真全面地整理、分析和归纳初始评审所获取的大量信息。经处理的信息主要包括如下几方面。

1）现存的组织机构和职责，特别是关于职业健康安全管理的。

2）职业健康安全法律、法规及其他要求的信息。

3）危险源、风险评价的信息。

4）现有职业健康安全文件，包括程序、规定、制度、作业指导书等。

5）其他信息，如事故调查报告、数据和记录等。

（2）编写初评报告：将初始评审所完成的工作，编制成初始评审报告，会更有利于职业健康安全管理体系的建立、实施和保持。初始评审报告应篇幅适度、结构清晰。报告应涵盖初始评审的主要内容，并对改进有关事项提出建议。

初始评审报告可采用如下编写格式。

1）评审目的、范围。

2）组织的基本情况。

3）危险源辨识与风险评价。

4）适用的职业健康安全法律、法规及其他要求（包括获取渠道、内容、登录等）。

5）职业健康安全法律、法规遵循情况评价。

6）职业健康安全管理方面的评审（包括事故经验、管理方面的成败得失）。

7）现存管理体系与标准之间的差距分析。

8）急需解决的优先项问题。

9）建立职业健康安全管理体系的有关建议。

（三）职业健康安全管理体系策划设计

建立 OHSMS，必须在初始评审的基础上做好体系设计，OHSMS 设计主要包括以下几个环节。

1. 确定 OSH 方针

OSH 方针规定了用人单位的发展方向和行动纲领，它确定了整个用人单位内 OSH 职责和绩效的目标，表明了用人单位的正式承诺，尤其是最高管理者对有效的 OSHM 的承诺。在制定 OSH 方针时，应考虑如下：①用人单位的 OSH 状况、危险、危害因素；②法律及其他要求；③用人单位过去和现在的 OSH 绩效；④其他相关方的要求；⑤持续改进的机遇和需求；⑥员工、承包方和其他外部人员的参与。

文件化的方针应由最高管理层制定和签发并做到：①适合于用人单位 OSH 风险性质和规模；②包括对持续改进的承诺、遵守有关法律法规及其他要求的承诺；③形成文件，付诸实施，予以保持；④传达到全体员工，使每个人认识到自己在 OSH 方面的责任；⑤可为相关方获取；⑥定期进行评审，确保其适宜性。

2. 职能分析和确定权限

方针为用人单位的 OSH 确定了方向，但用人单位需要为管理活动建立一套管理机构，并为改善绩效详细规定各自的职责和彼此的关系。孤立地强调技术和管理所能获得的绩效水平是有限的，良好的安全文化影响个人和团体的行为，促进 OSH 方针的实施和持续改进。用人单位管理机构的确定是分配职能和确定管理程序的基础，在分配职能和编写程序文件之前，必须先进行职能分析和确定机构，确定机构时，要坚持精简效能的原则，尽量避免和减少部门职能交叉。

进行职能分配时，要求把标准中的各个要素全面展开并转换成职能，分配到用人单位的各部门，确保通过职能分配，使标准的各项要素都能得到覆盖，避免遗漏。进行职能分配时，要坚持一项职能由一个部门主管的原则，当一项要素涉及两个或两个以上部门时，要明确主要责任部门。

3. 制定目标、指标和 OSH 管理方案

用人单位要对重大危险源进行控制，就要评价每个重大危险源的控制现状及可控能力，主要考虑其发生事故的可能性、危害的程度及持续改进的技术经济可行性，从而确定需优先控制的 OSH 风险，制定相应的目标、指标和管理方案。

用人单位在制定目标、指标时应考虑用人单位 OSH 方针；法律、法规及其他要求；

重大危险源；技术可行性；财务、运行和经营要求以及相关方的观点等。

职业健康安全管理方案应是文件化的，按大多数用人单位的工作惯例，一般用一份清晰的一览表描述。表格中应包括：目标、指标、方法措施（包括步骤）；方案执行部门或负责人；财务预算；时间限制等。

4. 确定体系文件层次结构

关键是确定程序文件的范围，并提出体系文件清单。

（四）职业健康安全管理体系文件编制

编制文件是一个用人单位实施职业健康安全管理体系标准，建立并保持其职业健康安全管理体系有效运行的重要基础工作，也是一个用人单位达到预定的职业健康安全方针，评价、改进职业健康安全管理体系，实现持续改进和降低职业健康安全危害必不可少的依据。

职业健康安全管理体系标准所要求规定的职业健康安全管理体系，是一个文件化的体系，也就是在职业健康安全管理的各个方面，包括职业健康安全方针的制定、策划、实施与运行、检查、管理评审等诸方面，用人单位应做相应的规定，并且这些规定要形成文件。文件形式可以采用书面的形式，也可以采用电子的形式（如文件管理信息系统、控制软件等）。一个用人单位建立职业健康安全管理体系的过程主要表现为职业健康安全管理文件的制定、执行、评价和不断完善。因此，职业健康安全管理体系文件编制就成为建立职业健康安全管理体系不可或缺的内容。如果职业健康安全管理体系文件不正确、不准确、不完善，则有可能造成用人单位的职业健康安全管理体系的失效，或使职业健康安全管理体系工作成本增加，影响职业健康安全管理体系的实施和效果。

职业健康安全管理体系标准关于管理体系文件的表述中，并没有要求将职业健康安全管理体系制定成专门手册的形式，但要求尽可能将职业健康安全管理体系纳入用人单位的全面管理。因此，若用人单位已具备了较为完整的管理文件，又编写了ISO9000质量管理体系手册或ISO14000环境管理体系手册，则可将职业健康安全管理体系与之相结合。这种做法的优点很多，可保持用人单位管理体系的完整性和结构化，保证文件管理的统一，确保职责的明确、减少重复、避免“两张皮”等。

职业健康安全管理体系作为一个相对独立的体系，有必要形成专门文件对用人单位全体管理者及员工进行全面要求。且在一个体系建立之初，一个独立、完整、条理清晰的体系也是非常必要的。

1. 制订职业健康安全管理体系手册

GB/T28001—2011第4.4.4条款提出了职业健康安全管理体系的文件要求。不同的组织的职业健康安全管理体系文件的详略程度可能会不尽相同。

以什么样的文件形式来满足职业健康安全管理的要求，也是组织应予以考虑的。组织可考虑编制职业健康安全管理手册，并整合不同管理体系的文件。

2. 建立各要素程序文件

程序是为实施某项活动规定的方法。职业健康安全管理体系程序是指为进行某项活动所规定的途径。描述程序的文件称为程序文件。职业健康安全管理体系标准要求用人单位建立职业健康安全管理体系，并必须形成相应文件。

职业健康安全管理体系程序是用人单位开展职业健康安全管理工作的基础性文件。根据职业健康安全管理体系标准的要求，职业健康安全管理体系程序应涉及职业健康安全管理体系中所有适用的要素。每一职业健康安全管理体系程序都应包括职业健康安全管理体系的一个逻辑上独立的部分，例如一个完整的职业健康安全管理体系要素或其中一部分，或一个以上职业健康安全管理体系要素中相互关联的一组活动。

职业健康安全管理体系程序的内容通常应包括 5W2H：某项职业健康安全活动的目的和范围，应做什么（What），为什么这样做（Why），谁来做（Who），何时（When），何地（Where），如何做（How），做得怎么样（How），应采用什么材料、设备、仪器和依据什么文件，以及如何进行控制和记录。在职业健康安全管理体系程序中通常不涉及纯技术性的细节，这些纯技术性的细节一般在作业指导书中加以描述。

由于职业健康安全管理体系程序是职业健康安全管理手册的支持性文件，是职业健康安全管理手册中原则性要求的进一步展开和落实，因此，编制职业健康安全管理体系程序文件必须以职业健康安全管理手册为依据，符合职业健康安全管理手册的有关规定和要求，并从整体出发系统编制。

程序文件按性质可分为：管理性程序和技术性程序；按层次可分为：用人单位一级程序和部门程序。

要根据 GB/T28001—2011 和法律法规要求，建立“4.3.1 危险源辨识、风险评价和控制措施的确定”，“4.3.2 法律法规和其他要求”，“4.4.1 资源、作用、职责、责任和权限”，直至“4.5.5 内部审核”等 GB/T28001—2011 规定必须建立的各要素程序文件，同时要考虑是否将相关的运行控制程序形成文件。

3. 完善作业文件和记录

作业文件是程序文件的支持性文件。为了使各项活动具有可操作性，一个程序文件可分解成几个作业文件，但能在程序文件中交代清楚的活动，就不要再编制作业文件。作业文件必须与采用要素的程序相对应，它是对程序文件中整个程序或某些条款进行补充、细化，不能脱离程序另搞一套作业文件。国家、行业、用人单位的技术标准、规范不作为作业文件，单独在“在用标准目录”中体现。在作业文件中通常包括活动的目的和防卫，做什么和谁来做，何时、何地以及如何做，应采用什么方法、设备和文件，如何对活动进行控制和记录，即“5W+1H”原则。作业文件的内容是描述实施程序文件所涉及的各职能部门的具体活动。

4. 管理评审的策划

组织要对管理评审实施策划。由最高管理者在规定时间内（如一个季度、半年、一年）开展管理评审。可以以会议或其他沟通方式开展。适当时，职业健康安全管理体系绩效的部分管理评审可以在更频繁的间隔内开展。不同的评审可以针对整体管理评审的不同要素。

组织在没有依据 GB/T28001—2011 建立职业健康安全管理体系之前，也会存在符合标准要求的一些管理评审内容的活动。因此，组织在建立职业健康安全管理体系的过程中，进行管理评审的策划时，要注意与原有管理基础的结合。

（五）职业健康安全管理体系的试运行

对于管理基础就能满足 GB/T28001—2011 的组织，可延续组织原有的职业健康安全管理。对于针对 GB/T28001—2011，在原有管理基础上，建立了新的职业健康安全管理体系的组织，可以用下列方式实施所建立的新的职业健康安全管理体系。

1. 教育、培训

教育、培训是职业健康安全管理体系开始运行的第一步。职业健康安全管理体系的运行，需要组织的全体人员的积极参与，组织各个岗位的人员只有理解了系统化职业健康安全管理的重要性及个人在其中的作用，才能主动、有效地参与其管理活动。从体系开始运行的角度，需要对组织的全体员工（包括承包方、临时工作人员等）进行如下几方面的教育、培训。

（1）职业安全健康法律法规及相关要求的知识。

（2）职业健康安全管理体系方针、包括职业健康安全方针的理解，手册、程序文件结构及要求。

（3）体系文件内容、专业知识及技能培训。

（4）组织各部门、各岗位人员在体系中的职责和权限、信息传递方式。

（5）危险源辨识、风险评价及控制措施。

（6）应急预案和应急响应。

2. 体系文件的分发、定位

职业健康安全管理体系文件是组织进行职业健康安全管理的具体准则，它是按职业健康安全管理体系标准要求制定的，对组织内部各个岗位开展职业健康安全工作具有指导作用的、具体的、可操作的法规性文件。职业健康安全管理体系文件是有针对性和分层次的，组织内各个岗位都应有其主导性文件和相关性文件。要使组织的职业健康安全管理体系有效地运行起来，必须使必要的体系文件分发到位。

3. 职业健康安全管理方案的实施

职业健康安全管理方案的有效实施是降低组织职业健康安全风险、实现持续改进的关键。在职业健康安全管理体系的策划阶段，组织根据风险评价结果以及技术、经济等方面因素，制定了职业健康安全目标和旨在实现目标的管理方案，要使管理方案中降低风险的措施真正落到实处，必须要使相应的资金、人员等到位，各部门及人员必须严格履行方案中规定的职责，将管理方案在规定的时间内予以完成。

4. 严格执行程序文件规定

职业健康安全管理体系是一个系统、结构化的管理体系，它所包含的各项工作活动都是程序化的，体系的运行离不开程序文件的指导。组织的职业健康安全程序文件及其相关三级文件，在组织内部都是具有法定效应的，必须严格执行，只有这样才能使体系正确运行，才能达到标准的要求。

5. 体系审核认证

试运行6个月左右，经组织内部检查审核确定体系以达到认证的要求后，可以向国家有关职业健康安全管理体系认证机构提出认证审核申请。认证审核通过后，组织职业健康安全管理体系进入正式实施。

三、职业健康安全管理体系的保持

职业健康安全管理体系的保持，不仅限于管理体系持续的符合性，更重要的是要实现持续改进。持续改进要通过管理体系各个方面的强化和提升，来实现职业健康安全绩效的不断改进。

1. 职业健康安全方针的改进

职业健康安全方针阐明了组织职业健康安全管理的目的和意图，此方面的目的和意图并不是一成不变的。一方面组织根据内外部因素的变化，如法律法规的变化和相关方期望值的提高，要调整实施职业健康安全管理的目的和意图；另一方面，随着组织社会责任意识的不断提高，也会自觉地去提高自身的职业健康安全管理的目的和意图。

组织职业健康安全方针的改进要建立在对职业健康安全方针评审的基础上。组织要在规定的时间间隔内对职业健康安全方针进行评审，这种评审也可结合组织的管理评审。

2. 危险源辨识、风险评价和确定控制措施的改进

首先，组织在危险源辨识和风险评价过程中所使用的方法是可以不断改进和提高的。随着方法的改进和提高，危险源辨识和风险评价过程中的危险源、相关因素和风险程度的识别、评价的准确性也随之而提高。

其次，组织在法律法规的基础上以较低的风险程度作为可接受风险，进而不断改进对危险源的控制措施，提高组织的安全程度。

3. 通过目标和方案改进职业健康安全绩效

组织的职业健康安全目标体现了职业健康安全绩效改进的目的。组织依据法律法规要求、风险评价结果等，设立具体、可测量、可实现、相关、有时限性的目标，制定实现目标的方案，通过方案的实施来实现目标，进而取得职业健康安全绩效的改进。

4. 资源、作用、职责、责任和权限的改进

职业健康安全管理体系改进的最终目的是职业健康安全绩效的改进。组织通过强化职业健康安全管理体系的各个方面，来实现职业健康安全绩效改进，而资源、作用、职责、责任和权限的改进是确保职业健康安全管理体系其他方面改进的基础。

在职业健康安全管理体系的保持过程中，管理体系有关方面的改进会涉及资源的投入和作用、职责、责任和权限调整；另外，资源的不断投入和作用、职责、责任和权限的进一步明确，会促进管理体系其他方面的改进。

5. 强化培训，提升人员的能力和意识

人员的职业健康安全能力和意识水平是组织职业健康安全绩效的重要方面，也是最终控制事故发生的较直接的因素。因此，只有不断提升人员的职业健康安全能力和意识，才能实现组织的“零事故”的目标。

培训是提升人员能力和意识的很重要手段。组织可通过确定培训需求、制定培训计划、为培训提供配套服务、评价反馈培训效果的程序，不断强化职业健康安全培训。

6. 通过沟通、参与和协商确定改进重点

组织的内外部信息沟通不仅是保证职业健康安全管理体系正常运行的一个方面，同时还能够传递管理体系改进的要求和机会的信息。

组织内部的员工参与职业健康安全管理，会使得组织的职业健康安全管理工作开展得有针对性，进而确定职业健康安全管理体系改进的重点。

组织通过与承包方及其他外部相关方协商，能够进一步确定职业健康安全管理体系的改进重点及识别改进机会。

7. 文件及文件控制上的改进

职业健康安全管理体系文件是将职业健康安全管理要求的信息承载于媒介上。文件能够沟通意图、统一行动。但过于繁杂的文件也会给管理工作带来阻碍，组织在建立、实施和保持职业健康安全管理体系过程中，要使职业健康安全管理体系文件在满足有效性和效率的前提下，数量尽可能少。在保持职业健康安全管理体系的过程中，随着组织管理成熟度的提高，要不断对职业健康安全管理体系文件作出改进。

8. 运行控制的改进

对于组织与危险源相关联的运行和活动所开展的运行控制，要在实践中不断地加以改进。这包括随着对危险源控制措施的改进而改进运行准则，同时还包括运行控制管理方式的改进，如采用更有效的方式使组织的员工和其他相关方掌握和执行运行控制程序要求。

9. 应急准备和响应的改进

只有针对潜在的紧急情况做出科学、有针对性的准备，才能在紧急情况发生后作出相应的响应，从而避免或减少损失。因此，组织应急准备和响应的改进主要是使其应急准备不断地科学合理，在紧急情况发生时能够按准备响应到位。

10. 通过检查和纠正措施不断强化管理体系和改进绩效

GB/T28001—2011 中“4.5 检查”是 PDCA 的检查和改进的一种体现。组织通过对职业健康安全管理体系中所开展的活动进行常规的绩效测量和监测，以及定期开展的合规性评价，发现不符合或其他不期望情况（潜在不符合或其他潜在不期望情况），采取措施减少其职业健康安全后果，通过不符合的原因分析和事件调查等，确定导致不符合或其他不期望情况（潜在不符合或其他潜在不期望情况）的原因，针对原因采取纠正措施（预防措施）。通过上述过程，可以实现不断地发现管理体系中的问题，对管理体系予以改进，进而实现不断对管理体系的强化和职业健康安全绩效的改进。通过内部审核，可实现对组织的职业健康安全管理体系的系统性的检查，对发现的问题予以改进。

11. 通过管理评审实现改进

管理评审是评价职业健康安全管理体系的持续适宜性、充分性和有效性，并包括评价改进机会和对职业健康安全管理体系进行修改的需求。组织可通过管理评审，以相对整体性的角度改进职业健康安全管理体系。

第二章　工伤预防服务模式创新

第一节　工伤危险因素巡查评估

一、风险评估通用方法与内容

（一）员工安全生产认知情况评估

通过问卷调查和企业现场走访，了解企业员工对工伤保险政策知识、安全生产认知程度和职业病防治知识的掌握程度，为培训内容提供素材，确保培训内容的针对性和实用性。

（二）企业工伤危险因素评估

1. 识别物的不安全状态

物的不安全状态包括机器、设备、工具、场地和环境等的缺陷。

（1）巡查评估设备、设施设计上是否存在缺陷、机器过度运转、出现故障未及时修复或维修不当等危险因素。

（2）识别防护措施和安全装置存在的风险，如未安装防护装置、无报警装置或应急按钮、防护装置未设置或安装不当、无安全警示标识、无防护栏、电气设备未接地等。

（3）识别工作场所中存在的危险因素，如安全通道是否畅通、厂房建筑是否符合国家标准、车间是否符合设计要求、生产线布局是否科学合理、机器装置和用具配置是否存在缺陷、机器部分的固定是否不牢、物件放置是否不当和堆放凌乱等。

（4）防护用品、用具存在的问题，如缺乏必要的个人防护用品、用具，个人防护用品佩戴不正确，防护用品、用具不合格等。

2. 识别人的不安全行为

（1）操作不当、忽视安全及警告。如不按照操作规程操作机械设备，机器运行超速，未经许可开动、关闭设备等。

（2）人为地使安全装置失效，如关闭安全装置开关，拆除安全防护罩等。

（3）评估员工是否在机械设备运行时对其进行加油、维修、调整、焊接和清洁等。

（4）评估员工使用防护用品、用具情况。如个人防护用品未佩戴，选择不合适的防护用品，操作有旋转部件的设备时佩戴手套等。

（5）识别其他不安全行为。如工作中用手代替工具，注意力不集中，在车间内奔跑等。

3. 心理健康安全因素评估

不少心理现象对安全生产能产生很大影响。因此，研究心理现象并采取相应对策，是保证安全生产的重要工作。通过问卷调查评估员工心理状态，了解员工有无自我表现心理、从众心理、逆反心理、反常心理等。同时，心理问题常常与性格、情绪有关，受家庭、社会、教育及生理等方面的影响，如夫妻吵架、熬夜打游戏、疾病、家庭突发事件等，从而扰乱正常生产秩序。

4. 管理制度评估

评估企业安全生产管理制度是否健全完善，有无缺失。工艺流程是否科学、合理、规范。

5. 环境评估

评估工作环境的通风、照明是否满足工作需要，消防通道是否畅通，工作环境是否干净、整洁等。

二、常见工伤危险因素评估

（一）高处坠落

国家标准 GB/T3608—2008《高处作业分级》规定："凡在坠落高度基准面 2m 以上（含 2m）有可能坠落的高处进行作业，都称为高处作业。"高处作业主要指登高作业，高处安装、维护、拆除等，常见于建筑行业。作业高度越高，潜在危险越大。

1. 引发高处坠落的原因

（1）安全带低挂高用或是未佩戴。

（2）高处作业上下抛投工具、材料或杂物。

（3）高处作业不使用工具袋。

（4）精力不集中，身体疲惫或虚弱，工伤预防意识淡薄。

2. 风险评估内容

（1）物的不安全状态

1）高处作业安全防护措施评估：评估攀登作业、悬空作业、操作台作业、交叉作业中存在的各种危险因素；现场分析临边作业防护栏设置情况，洞口作业遮盖物设置情况，防护门设置、阻挡栏及架设安全网存在的危险因素。

2）防护用品使用情况

①查看组件是否完整、无短缺、无伤残破损。

②查看绳索、编带是否无脆裂、断股或扭结。

③查看金属配件是否无裂纹、焊接无缺陷、无严重锈蚀。

④查看挂钩的钩舌咬口平整是否不错位，保险装置是否完整可靠、操作灵活。

⑤查看铆钉是否无明显偏位，表面平整。

⑥查看D形环是否损坏与变形。

⑦查看工具袋或工具包携带情况。

（2）人的不安全行为：评估工作人员身体状态是否正常，高处作业中精力是否充足、注意力是否集中、反应是否迟钝、是否有禁止参与高处作业的禁忌证等。

（二）机械事故的伤害

1. 机械伤常见现象

（1）旋转的机械部件与作业者之间无安全距离，容易发生卷住头发、发套、衣服袖口或者下摆等事故。

（2）工件装夹不牢，在加工过程中甩出伤人。

（3）设备故障没有及时维修，带病运转。

（4）工伤预防意识薄弱。

2. 风险评估内容

（1）机械的不安全状态

1）缺乏防护、保险、信号警示标识等装置。

2）设备、设施、工具等附件有缺陷。常见设备调整不良，设备失修、保养不当，设备失灵等。

（2）人的不安全行为：未佩戴个人防护用品、用具。如防护服、手套、护目镜及面镜等；精力不集中，情绪不稳定；操作流程不完备；安全管理制度不健全；工伤预防培训不到位。

（3）作业场所环境差：比如照明光线不足，通风不良，布局杂、乱、狭窄等。

（三）触电事故

1. 触电事故的特点

（1）季节性明显，每年二、三季度事故多发，尤其是6～9月，事故最为集中。

（2）低压设备触电事故多。

（3）携带式设备和移动式设备触电事故多。

（4）电气连接部位触电事故多。如缠结接头、压接接头等。

（5）野外作业事故多。

（6）具有行业特点。

2. 触电类型

（1）电击：电击是电流对人体组织的伤害，是最危险的一种伤害。大约85%以上的触电死亡事故都是由电击造成的。

（2）电伤：电伤是由电流的热效应对人体造成的伤害。尽管大部分触电死亡事故是由电击造成的，但其中大部分都含有电伤成分在里面。

3. **风险评估内容**

车间工作场所狭窄、物件乱摆乱堆、光线不足，又有移动式电气设备和电缆，许多电气设备还是手工操作，因此，存在直接电击触电或间接电击触电的风险。

常见的存在电击风险的危险因素如下。

（1）工作场所铺设的电缆不悬挂标识牌。在电缆、电气设备维修时，可能因为记忆不清误接、错接、误送电而引发火灾和电击危害。

（2）未按国家规范要求设计或安装检漏装置。

（3）在设备和线路运行中缺乏必要的检修维护，使设备或线路存在的接头松脱、绝缘老化等问题未被及时发现，造成因设备或线路漏电导致人员触电。

（4）没有设置必要的电气安全技术措施（如接地保护、漏电检测、绝缘监视、安全电压、等电位联结等）。

（5）设置了必要的电气安全技术措施，但缺乏定期检测和维护，使得电气安全技术措施失效。

（6）不按操作程序带负荷（特别是感性负荷）切断灭弧失效（灭弧罩缺失）的闸刀开关，瞬间产生的电弧烧伤操作人员的手和面部，严重者或致双眼失明。

（7）电气设备运行安全管理制度不完善。停、送电不严格执行工作制度，在电气线路和设备检修中不挂警示牌或不设专人看护，导致误合闸，造成电气维修人员电击触电。

（8）专业电工、机电设备操作人员操作失误，或违章作业等造成的电击触电伤害。

（9）照明线路有剥皮端头、接头没有进行绝缘护封现象，容易造成电击触电伤害。

（四）火灾及爆炸事故

1. **火灾及爆炸事故特点**

（1）严重性：火灾和爆炸事故的后果往往比较严重。

（2）复杂性：发生火灾和爆炸事故的原因往往比较复杂，诱发因素较多。

（3）突发性：火灾和爆炸事故往往在人们意想不到的时候突然发生，缺乏事故监测报警等手段，人们对火灾和爆炸事故的规律及其征兆了解和掌握不够。

2. **火灾及爆炸类型**

（1）火灾可分为可燃气体火灾、可燃液体火灾、固体可燃物火灾、电气火灾和金属火灾5类。

（2）爆炸种类包括可燃性气体、爆炸、粉尘爆炸、爆炸性混合物爆炸、锅炉爆炸等。

3. **引起火灾的原因**

（1）吸烟引起事故。

（2）使用、运输、存储易燃易爆气体、液体、粉尘时引起事故。

（3）使用明火引起事故。有些工作需要在生产现场动用明火，因管理不当引起事故。

（4）静电引起事故。在生产过程中，有许多工艺会产生静电。例如，用汽油洗涤、皮带在皮带轮上旋转摩擦、油槽在行走时油类在容槽内晃动等，都能产生静电。人们穿的化纤服装，在与人体摩擦时也能产生静电。

（5）电气设施使用、安装、管理不当引起事故。例如，超负荷使用电气设施，引起电流过大；电气设施的绝缘破损、老化；电气设施安装不符合防火防爆的要求等。

（6）物质自燃引起事故。例如煤堆的自燃，堆积的废油布的自燃等。

（7）雷击引起事故。雷击具有很大的破坏力，它能产生高温和高热，引起火灾爆炸。

（8）压力容器、锅炉等设备及其附件带故障运行或管理不善引起事故。

4. 风险评估内容

（1）化学品在装车、卸车过程中存在较多的易燃物质，若操作控制处理不当，出现险情有可能发生化学性爆炸，甚至发生难以扑救且对周边危害较大的火灾爆炸。

（2）易燃易爆品接触火源，如火柴、打火机等火源的带入、动明火、电气焊作业等极易引燃泄漏在地面的油品或引爆弥漫在空气中的化学品蒸气。

（3）在爆炸危险区内乱拉电线，电器、电线老化，配管、接线松动或脱落，电气设施损坏，违反操作规程等。

（4）工作人员存在违章操作。

（5）交叉作业等。

（五）起重机械伤害

1. 起重机械伤害原因

（1）起重机械伤害主要发生在大型机械制造业和建筑行业，如作业人员未经培训上岗，不熟悉起重机操作或在突发事件时不能及时应对。

（2）起重机械未设有安全装置。

（3）起重机械未严格检验或工作前未认真检查。

（4）起重机械未能严格做到定期维修、检验、保养。

（5）不遵守操作规程，违章操作或超重操作。

（6）未严格执行安全交接班制度。

2. 风险评估内容

（1）操作起重机械的工作人员是否经过系统培训考试合格，并做到持证上岗；操作规程是否明确。

（2）起重机械是否按要求安装了安全防护装置。

（3）起重机械是否严格执行定期维修、检验和保养制度。

（4）操作起重机械是否执行了严格交接班制度。

（5）操作人员身体和心理状态是否适合操作起重机械。

（六）焊接（气割）技术安全与防护措施

焊接和切割是船舶工业、机械制造和加工中一项非常重要的工艺技术，属于特种作业。焊接人员每天与电流、氧气、乙炔打交道，如果思想不重视，安全措施不落实，操作不当，或者劳动组织不合理，不懂得或不掌握安全操作知识，极易发生触电、火灾、爆炸或灼伤事故。

1. 气焊、气割作业的不安全因素

在气焊、气割操作过程中存在着发生爆炸、火灾、烫伤和中毒等不安全因素。

气焊和气割所用的乙炔、丙烯等都是易燃易爆气体，氧气属助燃剂；氧气瓶、乙炔瓶和乙炔发生器都属于压力容器。由于气焊和气割操作过程中需要与可燃气体和压力容器接触，同时又使用明火，如果焊接设备或安全装置有缺陷，或者违反操作规程，就有可能造成火灾爆炸事故。

在气焊火焰的作用下，尤其是气割时氧气射流的喷射，使火星、熔珠、铁渣等四溅，容易造成人体的灼伤事故；如果铁渣、熔珠飞溅到可燃易燃物品上，易引发火灾和爆炸。

气焊、气割的火焰温度可高达3000℃以上，焊接过程中有可能形成对人体有毒有害的气体，尤其是在狭小舱室、密闭容器和管道内的气焊操作，可能造成焊工中毒。

交叉作业容易导致火灾或爆炸等事故。

2. 焊割工具的安全要求

（1）氧气瓶安全使用要求

1）氧气瓶严禁油脂污染。

2）氧气瓶内气体不得用尽，需保留0.1～0.2兆帕压力，防止其他可燃气体进入氧气瓶内。

3）气瓶清洗时严禁用火烘烤、敲打，应用热气或蒸汽解冻。

4）气瓶不得靠近热源、电源，必须远离明火作业点10米以外，夏季氧气瓶不得受日光暴晒，需有遮阳设施。

5）氧气瓶不得与其他易爆气瓶紧靠在一起使用，一般应保持5米以上距离。

6）严禁将氧气作压缩空气，不得用氧气来吹风纳凉。

（2）使用焊炬的安全要求

1）点火前必须检查设备性能是否正常，各连接部件或阀门是否漏气。

2）检查是否漏气，确定正常后才可点火。点火时应先开乙炔阀门，点着后立即开启氧气阀门并调整火焰。

3）停止作业时，应先关乙炔阀门，后关闭氧气阀门，以防回火。回火时应先关氧气阀门，然后关乙炔阀门。

4）使用过程中如气体管道或阀门有漏气现象，应及时修理。

5）焊嘴温度不能过高，如过高需用水冷却。

6）焊炬各部分不得沾污油脂。

7）焊炬停用时应挂在适当地方，或拔下橡皮管，将焊炬放入工具箱内。严禁将接气源的焊炬放在工具箱内。

8）密闭舱室作业中途休息、换班后，必须及时将氧、乙炔胶管拉出舱外。

（3）使用割炬的安全要求类同于焊炬，但还需要注意使切割嘴保持通畅、清洁、光滑，切割前应先清除工件表面的锈污，同时垫高工件，以防锈皮爆溅伤人。

3. 电弧焊的不安全因素

电弧焊操作时由于多种原因可能发生触电、火灾、爆炸、烫伤、弧光辐射和中毒等事故。造成这些事故的主要因素如下：

（1）焊工与电接触多。如更换焊条时手直接接触电极，而空载电压有 60 ～ 90 伏，一旦电器有故障、防护用品有缺陷或违反操作规程等，都有可能发生触电事故。尤其在容器、管道、船舱和钢架等处操作，周围都是金属导体，触电危险性更大。

（2）焊弧的高温。焊弧的温度可高达 4000 ～ 6000℃，因此，焊弧不仅能引起可燃易爆物品的燃爆，还能使金属熔化、飞溅，构成危险火源。

（3）焊机或线路发生短路、超负荷等引起电火花和高温。

（4）焊条和焊件在电弧高温作用下，发生蒸发、气化和凝结，产生大量有害烟尘。

（5）空气在弧光强烈辐射作用下，产生大量臭氧、氮氧化物等有毒气体。

（6）弧光对人体的直接辐射，可引起人体组织发生急性或慢性的损伤。

4. 发生焊接触电事故的主要原因

（1）手或身体接触焊条、焊钳或焊枪的带电部位时，脚或其他部位对地面或金属结构之间绝缘不好。在金属管道内或在阴雨潮湿地方进行焊接时，易发生触电事故。

（2）手或身体碰到裸露而带电的接线头。常见接触接线柱、导线、极板或绝缘失效、破皮的电线。

（3）手或身体碰到绝缘材料已损坏的焊机绕组。

（4）保护接地或保护接零系统不完善。

（5）接线错误。如电源火线与零线错接，高压电源接入低压部分等。

由上可见，电焊触电大都是防护措施不到位所致。因此，只要思想上高度重视，采取有效的安全措施，电焊触电事故是可以避免的。

5. 焊接安全操作技术

为消除电焊的不安全因素和避免触电事故的发生，焊工应按下列几点要求进行电焊操作：

（1）焊接前，应先检查焊机设备和工具是否安全，如焊机接地及各接线点接触是否良好，焊接电缆绝缘外套有无破损等。

（2）改变焊机接头、更换焊件需要改接二次回线、转移工作地点、更换熔丝及焊机发生故障需检修等，都必须切断电源后才能进行。

（3）更换焊条时，焊工应戴绝缘手套。

（4）在金属容器内（如船舱、管道等）、金属结构上及其他狭小工作场所焊接时，触电的危险性最大，必须采取专门的防护措施。如采用橡皮垫、戴绝缘手套、穿绝缘鞋等，以保障焊工身体和焊件间绝缘。禁止使用简易、无绝缘外壳的电焊钳。

（5）焊工在任何情况下，都不得将身体、动物及机器设备的传动部分作为焊接回路的一部分，以防焊接大电流造成触电伤亡事故。

（6）加强个人防护。焊工个人防护用品包括完好的工作服、绝缘手套、绝缘鞋及绝缘垫板等。

（7）电焊设备的安装、修理和检查必须由电工进行，焊工不得擅自拆修设备和更换熔丝。

6.“十不焊割”规定

（1）焊工未经安全技术培训考试合格，领取操作证者，不能焊割。

（2）在重点要害部门和重要场所，未采取措施，未经单位有关领导、车间、安全保卫部门批准和办理动火手续者，不能焊接。

（3）在容器内工作，没有12V低压照明、通风不良及无人在外监护的，不能焊割。

（4）未经领导同意，车间、部门擅自拿来的物件，在不了解其使用情况和构造的情况下，不能焊割。

（5）盛装过易燃、易爆气体（固体）的容器管道，未经碱水等彻底清洗和处理消除火灾爆炸危险因素的，不能焊割。

（6）用可燃材料作保温层、隔热、隔音设备的部位，未采取可靠的安全措施的，不能焊割。

（7）有压力的管道或密闭容器（如空气压缩机、高压气瓶、高压管道、带气锅炉等），不能焊割。

（8）焊接场所附近有易燃物品，未做清除或未采取安全措施的，不能焊割。

（9）在禁火区内（防爆车间、危险品仓库附近）未采取严格隔离等安全措施的，不能焊割。

（10）一定距离内有与焊割明火操作相抵触的工种（如汽油擦洗、喷漆、灌装汽油等能产生大量易燃气体）不能焊割。

三、职业危害因素风险评估

职业危害因素所造成的职业性损伤不仅包括意外事故导致的伤害，还包括长期接触职业危害因素导致的职业病，人们习惯将工作过程中导致的意外伤害称为工伤，将职业病危害因素导致的身体致残或影响正常功能的工伤称为职业病。发生职业病的原因有很多，如工人缺乏工伤预防知识、不注意防护、存在麻痹侥幸的心理，或饮酒、药物、疲劳和精神心理等因素都有影响。各种职业性危害因素主要存在于不良工作场所中，按其来源可分为 3 类。

（一）生产过程中产生的有害因素

1. 化学因素

有毒物质，如铅、汞、氯、一氧化碳、有机磷农药等；生产性粉尘，如矽尘、石棉尘、煤尘、有机粉尘等。

2. 物理因素

异常气象条件，如高温、高湿、高气压、低气压等；噪声、振动；射频、微波、红外线、紫外线；X 射线、γ 射线等。

3. 生物因素

如附着在皮肤上的布氏杆菌、炭疽杆菌、森林脑炎病毒等。

（二）劳动过程中的有害因素

（1）劳动组织和劳动制度不合理，如劳动时间过长，休息制度不合理、不健全等。

（2）劳动中的精神过度紧张。

（3）劳动强度过大或劳动安排不当，如安排的作业与劳动者生理状况相适应、生产额过高、超负荷加班加点等。

（4）个别器官过度紧张，如光线不足引起的视疲劳等。

（5）长时间处于某种不良体位或使用不合理的工具等。

（三）生产环境中的有害因素

（1）生产场所设计不符合卫生标准或要求，如厂房低矮、狭窄，布局不合理，有毒和无毒的车间安排在一起等。

（2）缺乏必要的卫生技术设施，如没有通风换气设备，照明、防尘、防毒、防噪声、防振动设备的效果不佳。

（3）安全防护设备和个人防护用品装备不全。

四、心理健康评估

随着社会节奏的加快，生活、工作压力的交织，心理问题直接关系到从业安全，极端心理事件还将直接造成工伤事故。

据统计，88% 以上的工伤事故是人为因素引起的，而这些事故大多是可以避免的。其发生有主观原因，也有客观原因，但主观原因居多，包括主观故意或过失、判断失误等。中国是制造业大国，很多企业都采用流水线作业，企业员工工作节奏快，劳动者和劳资方的关系也比较复杂，加上各种矛盾和压力，使员工的心理出现亚健康状态，如焦虑、抑郁甚至精神分裂等问题，出现富士康员工跳楼事件、公务员自杀事件和户外工作人员因缺少正常与人群和社会的交流沟通导致性格冷漠偏执而难以适应社会的事件等。

心理疏导着手早，工伤事故发生少。员工出现心理问题或陷入不良情绪时，应及时通过心理疏导调整消极心态、平息负面情绪、缓解精神压力，引导员工以乐观的性格、积极向上的心态、饱满昂扬的精神状态面对工作和生活，从而降低工伤事故的发生率。

（一）心理健康风险评估方法与目的

主要采用企业员工身心健康问卷调查表和现场一对一面谈。

（1）了解员工身体健康的基本信息。

（2）掌握员工生活和工作压力表现情况。

（3）掌握员工对企业的真实想法。

（4）疏导和及时改善员工不健康思想，积极引导员工养成良好的人际关系。

（5）有效防止因人际关系、情绪、精力不集中等因素导致的工伤事故的发生。

（二）风险评估内容

主要通过问卷调查和面谈了解员工的基本信息、工作压力、组织支持、工作倦怠和身心健康五大部分，每个部分又分为几个维度，全面反映员工的身心情况，通过面对面访谈了解员工的生活情况。

五、工伤危险因素评估方法

LEC 评价法是对具有潜在危险性作业环境中的危险源进行半定量的安全评价方法。

LEC 评价法（美国安全专家 K.J. 格雷厄姆和 K.F. 金尼提出）用于评价操作人员在具有潜在危险性环境中作业时的危险性、危害性。

该方法用与系统风险有关的三种因素指标值的乘积来评价操作人员伤亡风险大小，这三种因素分别是：L（likelihood，事故发生的可能性）、E（exposure，人员暴露于危险环境中的频繁程度）和 C（criticality，一旦发生事故可能造成的后果）。给三种因素的不同等级分别确定不同的分值，再以三个分值的乘积 D（danger，危险性）来评价作业条件危险性的大小。

1. 基本信息

风险分值 $D=L\times E\times C$。D 值越大，说明该系统危险性大，需要增加安全措施，或改变发生事故的可能性，或减少人体暴露于危险环境中的频繁程度，或减轻事故损失，直至调整到允许范围内。

2. 量化分值标准

对这 3 种方面分别进行客观的科学计算，得到准确的数据，是相当烦琐的过程。为了简化评价过程，采取半定量计值法。即根据以往的经验和估计，分别对这 3 方面划分不同的等级，并赋值。具体如下（表 2–1 至表 2–3）。

表 2–1　事故发生的可能性（L）

分数值	事故发生的可能性
10	完全可以预料
6	相当可能
3	可能，但不经常
1	可能性小，完全意外
0.5	很不可能，可以设想
0.2	极不可能
0.1	实际不可能

表 2–2　暴露于危险环境的频繁程度（E）

分数值	暴露于危险环境的频繁程度
10	连续暴露
6	每天工作时间内暴露
3	每周一次或偶然暴露
2	每月一次暴露
1	每年几次暴露
0.5	非常罕见暴露

表 2–3　发生事故产生的后果（C）

分数值	发生事故产生的后果
100	10 人以上死亡
40	3 ～ 9 人死亡
15	1 ～ 2 人死亡
7	严重
3	重大，伤残
1	引人注意

3. 风险分析

根据公式：风险 D=LEC。

就可以计算作业的危险程度，并判断评价危险性的大小。其中的关键还是如何确定各个分值，以及对乘积值的分析、评价和利用（表 2–4）。

表 2-4 风险分析

D 值	危险程度
＞320	极其危险，不能继续作业
160～320	高度危险，要立即整改
70～160	显著危险，需要整改
20～70	一般危险，需要注意
＜20	稍有危险，可以接受

根据经验，总分在 20 以下是被认为低危险的，这样的危险比日常生活中骑自行车去上班还要安全些；如果危险分值到达 70～160，那就有显著的危险性，需要及时整改；如果危险分值在 160～320，那么这是一种必须立即采取措施进行整改的高度危险环境；分值在 320 以上的高分值表示环境非常危险，应立即停止生产直到环境得到改善为止。

值得注意的是，LEC 风险评价法对危险等级的划分，一定程度上凭经验判断，应用时需要考虑其局限性，根据实际情况予以修正。

4. 应用举例

某涤纶化纤厂在生产短丝过程中有一道组件清洗工序，为了评价这一操作条件的危险度，确定每种因素的分数值为：

事故发生的可能性（L）：组件清洗所使用的三甘醇，属四级可燃液体，如加热至沸点时，其蒸气爆炸极限范围为 0.9%～9.2%，属一级可燃蒸气。而组件清洗时，需将三甘醇加热后使用，致使三甘醇蒸气容易扩散的空间，如室内通风设备不良，具有一定的潜在危险，属"可能，但不经常"，其分数值 L=3。

暴露于危险环境的频繁程度（E）：清洗人员每天在此环境中工作，取 E=6。

发生事故产生的后果（C）：如果发生燃烧爆炸事故，后果将是非常严重的，可能造成人员的伤亡，取 C=15。

则有：D=LEC =3 × 6 × 15 =270。

评价结论：D 值 270 分处于 160～320，危险等级属"高度危险、需立即整改"的范畴。

风险等级：5 为最高级，1 为最低级，或 1 为最高级，5 为最低级，可自行定义。

LEC 法，现场工伤危险因素评估要点：

评估人员：由工伤预防专业机构根据咨询企业情况派出职业卫生、安全管理、人力资源管理、心理咨询等相关专业人员组合进入企业进行现场评估。现场评估中需要安全生产管理人员和一线员工、班组长代表予以配合和协助，共同发现问题和明确问题的根源。

评估内容：企业工作场所有关人—机—物—环—料五个方面的安全情况。

评估方法：观察法、访谈法、问卷调查法和 LEC 法。

评估目标和结果表达：确定存在或潜在的危险因素，危险因素的危险等级，以及可能导致的危害有哪些。根据危险因素的危险等级和企业的实际情况，提出具有针对性和易实践的改善措施以及改善所需费用，为后续培训提供培训素材。

六、不同行业工伤危险因素评估标准

（一）建筑行业工伤危险因素评估标准

1. 工作程序

工作流程：危险源识别—风险评价—确定不可承受风险的危险源—控制措施。

2. 确定检查区域和流程

公司和项目部分别组织人员进行危险源的识别与评价工作。

识别的范围包括施工过程、作业区、办公区、项目部临时生活区域。

3. 危险源识别方法

（1）调查表法。

（2）通过收集国家、地方、行业和有关部门公布的法律、法规、规范、规程等。

（3）按照施工工序，逐个鉴别和评价的方法。

（4）按照地点或功能区逐个识别的方法。

4. 危险源识别和风险控制措施（表 2-5）

表 2-5　工伤危险因素评估结果一览表（举例说明在钢筋生产过程中）

活动、产品或服务中的危险源		L	E	C	D	控制措施
设备设施缺陷	钢筋拉伸设备维修保养不到位，卷扬机钢丝绳断丝或磨损超过标准未更换	1	1	3	3	由机电人员对该机械传动部位进行打油保养，钢丝绳断丝达到报废标准及时更换，符合安全后方可使用
	钢筋切断机外壳脱落，松动	1	2	7	14	由机电人员进行维修加固
	钢筋切断机刀口有两处破损	3	1	7	21	由机电人员更换，更换后经检查符合安全要求方可投入使用
	对焊机作业时，没有配备灭火器材	3	6	3	54	将对焊机周围的易燃物品远离，按照职业健康安全有关管理制度配备干粉或泡沫灭火器
	钢筋机具没有重复接地	1	1	15	15	由机电人员按照 JGJ46—2005 要求增加
防护缺陷	对焊机作业人员作业时未设防火挡板，火星乱溅，作业人员没有佩戴防护面罩	3	6	3	54	由项目安全员监督对焊作业人员加设防火挡板并给作业人员配发防护用品
	对焊机作业人员作业时未穿戴绝缘手套、绝缘鞋	1	2	15	30	按职业健康安全有关管理制度中有关防护用品规定进行发放，并监督作业人员正确使用

（续表）

活动、产品或服务中的危险源		L	E	C	D	控制措施
防护缺陷	钢筋拉直机周围没有防护栏杆，没有警告标识	1	3	3	9	在作业场所搭设防护栏杆并悬挂醒目的安全标志牌
电危害	设备外壳没有保护接零（接地）	0.5	6	15	45	由机电人员按照 JGJ46—2005 增设重复接地，其电阻值不大于 4Ω
	对焊机没有设置漏电保护器	0.5	6	15	45	按照 JGJ46—2005 增设漏电保护器，安装完后经检查符合安全要求后方可投入使用
	机具开关箱没有拉闸上锁，作业或维修中他人可能进行操作	0.5	6	15	45	依据职业健康安全有关管理制度有关条款对相关人员处罚并组织安全教育，加强管理力度
	电渣压力焊机无专用开关箱，工人操作地点与电源开关处较远，有问题时难于及时切断电源	1	3	15	45	由器材部采购符合 JGJ46—2005 要求的电箱。由机电人员安装经检查符合安全要求后方可使用
	平板车转运钢筋装车不合理时，钢筋散落容易砸伤工人	1	2	7	14	对工人加强安全教育增加自我防范意识，运输钢筋时捆绑牢固后，方可运输
	塔吊运钢筋时，钢筋不分类混合吊装，容易散落伤人	0.5	1	15	7.5	将钢筋分类吊运，较短的钢筋吊运时采用筐吊运
	无塔吊时，垂直传递钢筋，容易坠落伤人	3	2	7	42	人工传运钢筋时由专人统一指挥并给作业人员配备防护用品
明火	钢筋焊接时无动火申请，私自焊接，且无人监护	1	3	3	9	按职业健康安全有关管理制度办理动火审批手续
	焊接中焊条头随意乱扔，容易引发火灾	1	3	3	9	对操作人员加强安全教育，焊接前应将周围易燃物清理
	对焊机距离木工房、宿舍过近，容易引发火灾	0.5	1	15	7.5	根据现场的实际情况对可燃的场所增设消防设备或将对焊机位置迁移
造成灼伤的高温物质	电焊、气焊作业过程的高温材料容易伤人	1	6	3	18	按有关标准配发防护用品，并加强安全教育
粉尘与气溶胶	焊接过程产生的烟气对人体的伤害	6	3	1	18	给操作人员配发口罩并按有关规定进行定期体检
作业环境不良	钢筋机台周边钢筋头没有清理干净，容易伤人	0.2	6	3	3.6	按照职业健康安全有关管理制度的规定，将钢筋头及时清理搬运
	机具安置不合理，操作空间狭小，加工长件时容易受到伤害	1	3	3	9	按照职业健康安全有关管理制度有关规定及现场的实际情况，扩大钢筋制作的场地

（续表）

活动、产品或服务中的危险源		L	E	C	D	控制措施
作业环境不良	绑扎4m以上的柱筋时，没有设置平台，攀登钢筋骨架进行作业，发生坠落事故	3	3	3	27	绑扎2m以上的柱梁钢筋时，必须增设操作平台
	对焊机棚搭设没有使用防火材料	0.5	6	3	9	使用防火材料，并加强操作人员的安全教育
	电渣压力焊焊接柱筋时，楼板养护水较多，易发生触电事故	1	3	15	45	在积水多的地方增设干燥的木板，操作人员应穿戴绝缘防护用品
标志缺陷	钢筋机具处没有设置安全标志	0.5	6	3	9	项目部安全员根据实际情况进行增设
	安全操作规程牌挂设位置不当，难以看到	0.5	6	3	9	项目部安全员根据实际情况进行挂设
	对焊机棚没有防火标志牌	0.5	6	3	9	项目部安全员根据实际情况进行挂设
易燃易爆性物质	对焊机作业现场10m范围内违章存放有氧气、乙炔瓶	1	0.5	40	20	项目部按照规定增设氧气、乙炔瓶的存放场所

注：根据作业条件风险评价法（D=LEC）进行判别，如 D ＞ 70，就判断为不可接受风险的危险源。

（二）化工行业工伤危险因素评估标准

危险化学品生产企业往往存在着众多的危险源，在危险源辨识时，应综合考虑各方面的因素，从而能够制定合理的危险源辨识方案，达到科学排查危险，防患于未然，保障企业的安全生产。化学危害因素的风险识别及控制方法很多，这里只举例说明采用工作危害分析法（JHA）和故障类型及影响分析（FMEA）。

1. 工作危害分析法

工作危害分析法（JHA）如图 2–1 所示。将作业活动分解为若干个相连的工作步骤，识别每个步骤的潜在危害因素，然后通过风险评价判定风险等级，制定相应的管理控制措施。如在氧化塔再生作业中，根据工作危害分析法，评价出结果见表 2–6。

在表 2–6 中，风险度（R）均没有超过 8，判定出其风险等级是可接受的。也说明了现有的控制措施可靠、有效，不会造成人员的伤亡和财产的损失，就无须进行改正或制定别的管理措施进一步控制风险了。一旦风险度（R）超过 8，风险等级达到中等危害，可能会给人员带来一定的伤害或财产损失。组织应考虑建立目标，建立健全安全操作规程，加强员工的安全培训，提高员工的安全意识和安全技能，杜绝违章指挥和违章作业，确保安全生产。

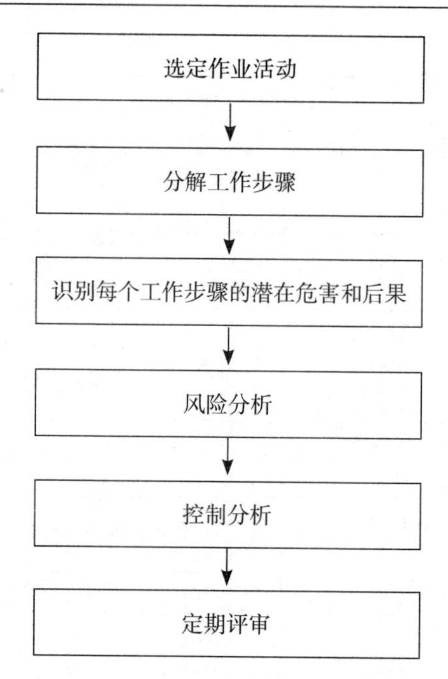

图 2-1　工作危害分析流程

表 2-6　氧化塔再生工作危害分析法

序号	工作步骤	危害	主要后果	现有安全控制措施	L	S	风险度（R）	建议改正/控制措施
1	准备工作	a. 未佩戴防护眼镜	眼睛烧伤	佩戴防护眼镜	1	3	3	
		b. 未戴手套	手烧伤	佩戴防护手套	3	2	6	
		c. 法兰、盘根泄漏	人员烧伤	a. 按规定着装、佩戴眼镜	2	3	6	
				b. 作业前检查	2	3	6	
		d. 照明不充足	人员受伤	准备防爆手电	2	3	6	
		e. 不切塔内碱渣	污染环境	退油前切渣	2	2	4	
2	检查机泵	a. 无润滑油	泵抱轴	作业前检查，定期加润滑油	1	2	2	
		b. 盘车不动	泵抱轴	每天盘车检查，及时检修	1	2	2	
		c. 地角螺栓松动	泵振动烧毁电机	作业前检查	1	2	2	
		d. 倒淋	跑油或着火	作业前检查	1	3	3	
		e. 阀门掉砣	损坏电机、机泵	作业前检查	1	2	2	
		f. 防护罩不牢固	人员受伤	作业前检查	2	3	6	

（续表）

序号	工作步骤	危害	主要后果	现有安全控制措施	L	S	风险度（R）	建议改正/控制措施
3	启动泵	a. 先打开出口阀	超电流、烧毁电机	先关闭泵出口阀	1	2	2	
		b. 人口流程不通	泵抽空、损坏机泵	检查流程	1	2	2	
4	退油	a. 泵自停	汽油串回，汽油冒罐	泵出口加单向阀、现场监护	2	2	4	
		b. 放空阀打不开	抽坏设备	定期检查，加润滑油，停泵	2	2	4	
		c. 流速过快	产生静电，着火	控制流速不大于20t/h	1	3	3	
		d. 液位计显示不清	泵抽空、损坏机泵	作业前检查，及时更换液位计	2	2	4	
		e. 直梯滑	人员摔伤	加防护栏	1	3	3	
5	停泵	a. 出口阀关不严	介质倒流损坏机泵	关闭流程其他相关阀门	2	1	2	
		b. 人口阀关不严	蒸罐时损坏机泵	更换人口阀	2	2	4	
6	开泵进水	泵自停	汽油污染水系统	泵出口加单向阀、现场监护	2	2	4	
7	水煮	蒸汽量过大	水击损坏设备	现场监护	2	2	4	
8	放水	底放空阀开度过大	污水外溢	控制排水量	2	2	4	
9	蒸塔	a. 凝结水切不净	水击损坏设备	切净凝结水	2	2	4	
		b. 蒸汽阀开度太大	设备超温	定时检查设备温度	2	2	4	
		c. 不及时切凝结水	水击损坏设备	定时切净凝结水	2	2	4	
10	停蒸汽	未及时加盲板	油气串入，着火	及时加盲板	1	4	4	
11	进油	进油速度过快	产生静电着火	控制进油速度小于4m/s	1	4	4	
		放空阀关不严	跑油	更换阀门	2	2	4	

2. **故障类型及影响分析**

故障类型及影响分析（FMEA）是对系统或产品各个组成部分，按一定顺序进行系统分析和考察，查出系统中各子系统或元件可能发生的各种故障类型，并分析它们对单位或产品功能造成的影响，提出可能采取的改进措施，以提高系统或产品的可靠性和安全性的方法。

它从几个方面来考虑故障对系统的影响程度，用一定的点数表示风险程度的大小，通过计算，求出故障等级。

$$C_E=F_1\times F_2\times F_3\times F_4\times F_5$$

式中 F_1——故障或事故对人影响大小；

F_2——对系统、子系统、单元造成的影响；

F_3——故障或事故发生的频率；

F_4——防止故障或事故的难易程度；

F_5——是否为新技术、新设计或对系统熟悉程度；

C_E——致命度点数。

其中 F_1 ～ F_5 的分值（表 2–7），C_E 与故障或事故等级见表 2–8。

表 2–7　F_1 ～ F_5 的取值

项目	内容	系数
故障或事故对人影响大小 F_1	造成生命损失	5.0
	造成严重损失	3.0
	一定功能损失	1.0
	无功能损失	0.5
对装置（系统、子系统、单元）造成影响大小 F_2	对系统造成两处以上重大影响	2.0
	对系统造成一处以上重大影响	1.0
	对系统无大的影响	0.5
故障或事故发生频率 F_3	易于发生	1.5
	可能发生	1.0
	不太可能发生	0.7
防止故障或事故的难易程度 F_4	不能防止	1.3
	能够预防	1.0
	易于预防	0.7
是否新设计（技术）及熟悉程度 F_5	相当新设计（新技术）或不够熟悉	1.2
	类似新设计（技术）或比较熟悉	1.0
	同样的设计（技术）或相当熟悉	0.8

表 2-8　C_E 与故障或事故等级见

评价点数 C_E	故障、事故等级	内容
>7	Ⅰ级，致命的	人员伤亡，系统任务不能完成
$4<C_E\leqslant 7$	Ⅱ级，重大的	大部分任务完不成
$2<C_E\leqslant 4$	Ⅲ级，小的	部分任务完不成
$C_E\leqslant 2$	Ⅳ级，轻微的	无影响

第二节　工伤预防培训

一、工伤预防知识培训

员工的工伤保险政策培训，必须有效结合《工伤保险条例》的有关规定，并紧密联系企业员工实际情况，以提高员工的工伤保险知晓率、熟悉企业参保规定、了解工伤认定流程、工伤待遇、员工的工伤预防意识、行业工伤预防知识和技能，排查工伤危险因素，改善企业工作环境，降低工伤事故，所培训主题要求高度契合企业需求，注重培训方式的灵活性、普及性、针对性、参与性，同时结合当前“互联网 +”“移动互联网”的应用，强化工伤保险培训的延展性和持续性，使广大企业员工能够确实了解和掌握工伤保险政策，保障自身合法权益。

（一）培训的内容

培训的内容主要包括以下几个方面。

1. 政策法规类

以《中华人民共和国社会保险法》《工伤保险条例》和地方政府相关法律法规政策文件集，如《广东省工伤保险条例》《广州市工伤保险若干问题的规定》和《关于进一步做好建筑业工伤保险工作的意见》（人社部发〔2014〕103 号）为主要依据，重点讲解工伤保险对分散企业的工伤风险、保障员工的合法权益的重要作用，普及工伤认定的办理流程和认定条件，宣传各项工伤待遇，让广大员工充分认识到工伤保险完善的保障机制。

2. 安全生产培训内容

（1）安全生产法律法规：主要是学习国家有关法律法规，掌握安全生产的方针政策，提高全体管理人员和操作人员的政策水平，充分认识安全生产的重要意义，在施工生产中严格贯彻执行安全第一、预防为主的方针和安全生产的政策，严格执行操作规程，遵守劳动纪律，杜绝违章指挥、违章操作的行为，利用过去发生的重大安全事故案例及给社会、给家庭造成的损失，对职工进行安全意识教育。

（2）安全知识教育：全体职工都必须接受安全知识教育，安全知识教育和培训，使职工掌握必备的安全生产基本知识，安全知识教育的内容：本企业的生产状况、施工生产工艺、施工方法、施工作业的危险区域、危险部位、各种不安全因素及安全防护的基本知识及各种安全技术规范。

（3）安全操作技能教育：安全操作技能教育，就是要结合本专业、本工种和本岗位的特点，熟练掌握操作规程、安全防护等基本知识，掌握安全生产所必须的基本操作技能。对于管理人员和特殊工种作业人员，要经过专门培训，考试合格取得岗位证书后，持证上岗。除以上三个方面的教育外，还要充分利用已发生或未遂安全事故，对职工进行不定期的安全教育，分析事故原因，探讨预防对策；还可利用本单位职工在施工中出现的违章作业或施工生产中的不良行为，及时进行教育，使职工头脑中经常绷紧安全生产这根弦，在施工生产中时时刻刻注意安全生产，预防事故的发生。

（4）安全生产管理知识：对安全管理人员进行系统的安全生产管理类知识培训，提高管理人员的管理能力与综合素质。

3. 职业病防治类

（1）职业病防治思想教育：主要是学习国家有关法律法规，掌握职业病防治的方针政策，提高全体管理人员和操作人员的政策水平，充分认识职业病防治的重要意义，严格执行操作规程，遵守劳动纪律，做好个人防护，利用过去发生的职业病案例及给社会、给家庭造成的损失，对职工进行职业病防治意识教育。

（2）职业病防治知识教育：使职工掌握必备的职业病防治基本知识，基本理论与基本技能，尤其是熟悉本岗位、本单位的生产状况、施工生产工艺、施工方法、施工作业的职业危害因素及职业病防治的各种防护知识与防范措施。

（3）职业卫生风险评估与监测：结合本专业、本工种和本岗位的特点，熟练掌握操作规程、职业病防护等基本知识，掌握职业病防治所必须的基本操作技能。充分利用本单位或其他单位发生的职业病案例，对职工进行不定期的教育，分析发生的原因，探讨预防对策，使职工时时刻刻注意做好职业病防治工作，防治职业病的发生。

4. 各行业工伤预防知识与技能

针对不同行业不同企业的工伤危险因素进行分门别类的培训，强调针对性与实用性。

5. 心理素养与综合能力类

主要是安全心理、压力、沟通技巧等基本心理方面的知识，综合能力类主要是各种技能与人文素养方面的知识。

6. 其他类

根据企业需要量身定做的有利于员工做好工伤预防方面的知识点培训。

（二）培训的形式

结合各企业员工文化水平、工伤保险知晓率等实际情况，注重普及性、针对性、参与性和互动性。注重普及性，就是要让工伤保险培训内容尽量接地气，深入浅出地把各项法律条文解释清楚；注重针对性，就是坚持以培训对象为中心，针对企业员工的具体问题、实际案例开展有针对性的培训；注重参与性和互动性，就是在培训形式上改变原来单纯授课式的培训，在培训过程中通过案例分析、小组讨论、小游戏、有奖问答等形式提高培训的参与性，鼓励员工积极与授课老师保持良好互动。

（三）培训后的持续跟进

结合当前“互联网 +”“移动互联网”时代特点，广大员工可通过手机关注相关微信公众号，如各类“工伤预防”微信公众平台，也可以浏览“中国工伤预防网”，持续获得工伤保险政策知识，使得培训更具有长效性。

二、工伤事故预防知识培训

（一）安全生产相关知识

1. 坚持“安全第一、预防为主、综合治理”的安全生产方针

（1）“安全第一”：当安全与生产发生矛盾时，必须首先解决安全问题，保证在安全条件下进行生产劳动。没有钱我们可以挣，但没有了生命就什么都没有了。

（2）“预防为主”：要求我们在工作中时刻注意预防生产安全事故的发生。就是要把预防生产安全事故的发生放在安全生产工作的首位。对安全生产的管理，主要不是在发生事故后去组织抢救，进行事故调查，找原因、追责任、堵漏洞，而要谋事在先，尊重科学，探索规律，采取有效的事前控制措施，千方百计地预防事故的发生，做到防患于未然，将事故消灭在萌芽状态。虽然人类在生产活动中还不可能完全杜绝生产安全事故的发生，但只要思想重视，预防措施得当，事故特别是重大恶性事故还是可以大大减少的。预防为主，就要坚持培训教育为主。在提高生产经营单位主要负责人、安全管理干部和从业人员的安全素质上下功夫，最大限度地减少违章指挥、违章作业、违反劳动纪律的现象，努力做到“不伤害自己，不伤害他人，不被他人伤害，保护他人不受伤害”。

（3）“综合治理”：安全必须全社会协同努力，动员各方力量齐抓共管。

2. 安全生产管理机制

（1）行为监督：其内容包括安全生产规章制度建设、员工安全教育培训，如对违章操作、违章指挥等不安全行为及时纠正、处理。

（2）技术监督：定期对设备的运行状态和健康状况进行技术分析和试验分析，及时发现设备隐患，实现对设备隐患的超前控制。

（二）劳资双方工伤预防要求

1. 从业人员的权利与义务

（1）从业人员的权利：用人单位应与从业人员签订劳动合同，内容必须包括：保障从业者的劳动安全，如生产安全、劳动条件符合相关规定；依法为员工缴纳工伤保险。

①知情权：从业人员有权了解其作业场所和工作岗位存在的危险因素、防范措施和事故应急措施；②建议权：从业人员有权对本单位的安全生产工作提出建议；③拒绝权：从业人员有权拒绝违章作业指挥和强令冒险作业；④紧急避险权：当从业人员发现直接危及人身安全的紧急情况时，有权停止作业或者在采取可能的应急措施后撤离作业场所；⑤享有工伤保险及伤亡赔偿权：因生产安全事故受到损害的从业人员，除依法享有工伤社会保险外，依照有关民事法律享有获得赔偿权利的，有权向本单位提出赔偿要求；⑥享有劳动保护权：从业人员享有获得符合国家标准或者行业标准劳动防护用品的权利；⑦享有获得职业健康保障、安全生产教育和培训的权利。

（2）从业人员的义务：遵章守规，服从管理；佩戴和使用劳动防护用品；接受培训，掌握安全生产技能；发现事故隐患及时报告。

2. 生产经营单位的权利与义务

（1）建立、健全安全生产责任制。

（2）组织制定本单位安全生产规章制度和操作规程。

（3）保证本单位安全生产的投入和实施。

3. 企业安全生产保障措施

（1）执行建设项目的“三同时”制度。生产经营单位新建、改建、扩建工程项目的安全设施（包括安全、卫生设施、个体防护措施等），必须与主体工程同时设计、同时施工、同时投入生产和使用。

（2）生产经营单位应当在有较大危险因素的生产设施、设备上，设置明显的安全警示标志。

（3）生产经营单位必须为从业人员提供符合国家标准或者行业标准的劳动防护用具，并教育督促从业人员佩戴。

（4）生产经营单位必须依法参加工伤保险，为从业人员缴纳保险费。

（5）生产经营单位发生重大生产安全事故时，单位主要负责人应当迅速采取有效措施，组织抢救。

（6）生产经营单位进行爆破、吊装等危险作业时，应当安排专门人员进行现场安全管理。

（7）多个单位在同一生产现场作业，应明确各自的安全职责，并确定现场指挥人员。

（8）生产经营单位应当对重大危险源建档登记，定期检测。

（9）依法保障职业病患者的合法权益：用人单位应当如实提供职业病诊断、鉴定所需的劳动者职业史和职业病危害接触史、工作场所职业病危害因素检测结果等资料。用人单位应当保障职业病患者依法享有国家规定的职业病待遇。

1）用人单位应按照国家规定，安排职业病患者进行治疗、康复和定期检查。

2）用人单位对不适宜继续从事原工作的职业病患者，应当调离岗位，并妥善安置。

3）用人单位对从事接触职业病危害作业的劳动者，应当给予岗位津贴。

4）用人单位应及时安排对疑似职业病患者进行诊断；在疑似职业病患者诊断或者医疗观察期间，不得解除或者终止劳动合同。

（三）工伤事故及预防

1. 工伤事故发生的原因

一般来说，事故的发生原因由直接原因和间接原因所构成，通常有五要素。

（1）人：人的不安全行为是事故产生的最直接的因素，如情绪不稳定、疲惫、精力不集中、违章指挥、违章操作、违反劳动纪律等行为等。

（2）机：机器的不安全状态也是事故发生的直接因素，如安全防护装置有缺陷、设备有缺陷、个人防护用品不合格或有缺陷等。

（3）物：物料的安全性。

（4）环境：不良的生产环境影响人的行为，同时对机械设备产生不良的作用，如作业场所通风采光不良，存在有毒有害、易燃易爆气体或物质等。

（5）管理：管理的欠缺，是间接原因，但可能会是主要原因，如规章制度不健全，员工安全生产培训不到位，个人劳动防护用具配置不齐全，事故隐患排查不彻底等。

2. 安全生产常识

（1）“四不伤害”原则。不伤害自己，不伤害他人，不被他人伤害，保护他人不受伤害。

（2）“四不放过”原则。事故原因没有查清不放过，事故责任者没有严肃处理不放过，广大员工没有受到教育不放过，防范措施没有落实不放过。

3. 生产安全事故的特性及规律

（1）生产安全事故因果性。

（2）生产安全事故发生的偶然性和必然性。

（3）生产安全事故的潜伏性和再现性。

（4）生产安全事故的可控性与可预防性。

（四）常见工伤事故预防的培训内容及预防措施

1. 高处坠落事故

（1）培训内容

1）高处作业的相关知识。

2）高处违章作业的危害。

3）高处作业个人防护要求和防护用具的正确穿戴方法。

4）高处坠落事故的防护措施。

5）高处坠落事故的现场应急处理与急救方法。

（2）高处坠落事故的预防措施

1）高处作业应佩戴安全帽，穿紧口工作服，着软底防滑鞋，腰系安全带，操作时严格遵守安全操作规程和劳动纪律。

2）施工中，发现有事故隐患时，必须及时解决，如危害人身安全，必须停止作业。

3）高处作业人员在作业平台时，不得乘坐货梯和非载人的吊笼，必须从指定的安全路线上下。

4）高处作业一律使用工具袋，上下过程中不得拿在手里；不准从高处抛投材料、工具；工作完毕后应及时将工具放入工具袋，清理、收拾好易坠落物件，防止落下伤人。

5）防护棚搭设和拆除时要设立警戒区，专人监护，严禁上下同时拆除。

6）高处作业为特殊工种作业，需持证上岗，定期进行健康体检。

（3）持续跟进回访：培训后3个月对员工掌握高处作业的相关知识进行了解，从知识、信念和行为来分析受训者对知识的掌握程度。

2. 机械设备伤害事故

（1）培训内容

1）机械设备伤害的相关知识，包括各行业常用机械设备。

2）机械设备伤害常见现象和导致机械设备伤害的原因。

3）正确的机械设备操作流程和个人防护要求。

4）常见机械设备的故障处理和防护装置要求。

5）常见机械设备伤害事故的现场应急处理与急救方法。

（2）机械设备伤害事故的预防措施

1）定期对机械设备进行检查保养，使其处于完好状态。

2）工作着装符合作业要求，正确穿戴个人防护用品。

3）作业前后，做好交接班，检查设备及其用品、安全设施是否处于正常状态。

4）对有要求的作业设备要进行使用和维修登记。

5）健全仪器设备使用和维修登记制度，特殊设备要专人保管和专人使用。

（3）持续跟进回访：培训后3个月对员工掌握机械设备伤害的相关知识进行了解，从认知、信念和行为分析受训者对知识的掌握程度。

3. 触电事故

（1）培训内容

1）触电事故的危害。

2）触电事故的类型和评估触电事故的危险因素。

3）触电事故的预防措施。

4）触电事故的现场应急处理与急救方法。

（2）触电事故的预防措施

1）在操作闸刀开关、磁力开关时，必须将防护盖盖好。

2）电气设备的外壳应按有关安全规程进行防护性接地或接零。

3）电工作业属特种作业，须经过专门的培训并考试合格方可持证上岗。

4）使用电钻等手用电动工具时，必须安设漏电防护器。

5）雷雨天，不可靠近高压电杆、避雷针、树下等接地导线周围20米以内，以免发生跨步电压触电。

（3）持续跟进回访：培训后3个月对员工掌握用电作业的相关知识进行了解，从认知、信念和行为来分析受训者对知识的掌握程度。

4. 火灾及爆炸事故

（1）培训内容

1）火灾及爆炸的基本知识。

2）火灾及爆炸的风险评估方法与内容。

3）火灾及爆炸事故的现场应急处理与急救方法。

4）防火防爆的组织管理措施。

（2）火灾及爆炸事故的预防措施

1）防止形成燃爆的介质，可以用通风的办法来减低燃爆物质的浓度。

2）防止产生着火源，使火灾、爆炸不具备发生的条件。

3）安装防火防爆安全装置。

4）加强对防火防爆工作的管理。

5）开展经常性防火防爆安全教育和安全大检查。

6）建立健全防火防爆制度。

7）厂区内、厂房内的一切出入和通往消防设施的通道，不得被占用和堵塞。

8）加强值班，严格执行巡逻检查。

9）加强防火防爆知识的宣传教育，严格贯彻执行防火防爆规章制度。

10）在规定的安全地点吸烟，严禁在工作现场和厂区内吸烟和乱扔烟头。

（3）持续跟进回访：培训后3个月对员工掌握防火防爆作业的相关知识进行了解，从认知、信念和行为来分析受训者对知识的掌握程度。

5. 起重机械作业伤害事故

（1）培训内容

1）起重机械作业的行业分布和危险性。

2）起重机械作业伤害事故的风险评估与内容。

3）起重机械作业伤害事故的现场应急处理与急救方法。

4）起重机械作业的防护措施和安全管理规范。

（2）起重机械作业伤害事故的预防措施

1）起重机械作业人员须经严格培训并考试合格后，方可持证上岗。

2）起重机械必须安装有必要的安全防护装置。

3）定期检验、维修和保养起重机械，及时发现问题。

4）健全起重机械维护保养、定期检验、交接班制度和安全操作规程。

5）起重机械运行时，禁止任何人上下，也不能在运行中检修。

6）吊运的物品不能在空中长时间悬挂停留。

7）起重机械的悬臂可到达的区域下不能站人。

（3）持续跟进回访：培训后3个月对员工掌握起重机作业的相关知识进行了解，从认知、信念和行为来分析受训者对知识的掌握程度。

三、职业危害预防知识培训

（一）粉尘作业职业危害预防

1. 粉尘的定义与分类

粉尘是指直径很小的固体颗粒。自然环境中有天然产生的粉尘，如火山喷发产生的尘埃。工业生产或日常生活中的各种活动也会产生粉尘。生产性粉尘就是特指在生产过程中形成的，并能长时间飘浮在空气中的固体颗粒。粉尘体积越小，飘浮在空中的时间越长，危害就越大。

粉尘分为无机性粉尘，如金属性粉尘（铝、铁等金属及其化合物粉尘）、非金属的矿物粉尘（石英、石棉、煤等粉尘）、人工合成无机粉尘（如水泥、玻璃纤维、金刚砂等粉尘）；有机性粉尘，如植物性粉尘（木尘、烟草、棉等粉尘）、动物性粉尘（畜毛、羽毛、骨质等粉尘）、人工有机粉尘（有机染料、农药、人造有机纤维等粉尘）。

2. 粉尘的危害

尘肺病是由于在职业活动中长期吸入生产性粉尘并在肺内潴留而引起的以肺组织弥漫性纤维化为主的全身性疾病。粉尘进入人体的途径主要通过呼吸道进入。长期吸入一定量粉尘，就会引起各种尘肺病，如吸入煤尘，可引起煤尘肺；吸入植物性粉尘，可引起植物性尘肺；吸入游离的二氧化硅、硅酸盐等粉尘，可引起肺部弥漫性、纤维性病变的产生。

粉尘的危害与粉尘的物理特性、吸入量、接触粉尘时间和浓度有关。人体吸入粉尘后会在肺内产生巨噬细胞性肺泡炎，灶状、结节性病变，尘肺间质纤维化及团块状病变等。

（1）生产性粉尘的致病作用

1）尘肺病（或致纤维化）。

2）致癌作用：如石棉粉尘可导致肺癌和胸膜间皮瘤；放射性、矿物性粉尘可导致白血病；金属粉尘如镍、铬酸盐等可导致肺癌；二氧化硅粉尘可导致肺癌。

3）粉尘沉着症：铁、锑、锡、钡等粉尘可引起金属粉尘沉着症。

（2）粉尘的爆炸性：能引起粉尘爆炸的都是可燃性粉尘。可燃性粉尘一般分为三大类。

1）金属粉尘，如铅粉、镁粉等。

2）可燃矿物粉尘，如煤粉。

3）有机物粉尘，如亚麻粉尘、木粉、纸粉、烟草和谷物粉尘等。烟草粉尘与亚麻、谷物粉尘属同一种非导电性易燃粉尘。

3. 粉尘作业的风险评估

（1）工作环境的通风情况。

（2）设备的完好性，通风设备除尘的效果。

（3）打磨或风钻等作业时是否采用湿式作业，通风管道是否定期清理。

（4）个人防护用品的佩戴情况和完好程度。

4. 粉尘作业职业危害预防知识培训内容

（1）粉尘的定义、分类和危害性。

（2）粉尘作业的风险评估。

（3）粉尘作业的防护措施。

（4）尘肺的防治知识。

5. 粉尘的预防及控制

防尘、降尘的“八字方针”，即水、风、密、革、护、宣、管、查。水，即坚持湿式作业，禁止干式作业；风，即通风除尘，排风除尘；密，即密闭尘源或密闭、隔离操作；革，即技术革新、工艺改革，包括使用替代原料和产品；护，即加强个体防护；宣，即安全卫生知识宣传培训；管，即防尘设备的维护管理和规章制度的建立，保证设备的正常运转；查，即监督检查。同时用人单位还应加强对作业场所空气中的粉尘浓度的检测，使作业场所空气中的粉尘浓度控制在国家卫生标准以下；加强对粉尘作业人员在就业前、岗中定期、离岗的职业健康检查。只有这样，才能有效地预防和控制尘肺病的发生，促进经济的发展。

6. 持续跟进回访

培训后3个月持续对员工掌握相关知识的情况进行了解，从认知、信念和行为3方面来观察和了解员工对知识的掌握程度。通过职业健康体检报告及时发现员工中是否存在尘肺的禁忌证和疑似病例。

（二）噪声作业职业危害预防

噪声是职业危害的主要因素之一。近年来，在职业健康体检中，发现接触噪声作业人员听力损失的发生率越来越高了，呈上升趋势（高频听力损伤发生率为32.9%，语频听力损失率为 3.3%)。有关调查发现：接触噪声作业人员中，全程佩戴耳塞的人员为 67.8%，但能够完全正确佩戴耳塞的人员仅占 18.7%。

1. 工业噪声对人体的危害

(1)听觉损失，导致职业性噪声耳聋。

(2)引发心血管、消化、神经及生殖系统疾病，如高血压、失眠、食欲降低等。

(3)影响注意力，工作效率下降，导致事故。

2. 噪声作业的风险评估

(1)作业环境评估，是否对噪声源采取隔离或屏蔽措施。

(2)个人防护用品佩戴。

(3)仪器设备的完好程度。

(4)仪器设备的革新程度。

(5)员工的心理健康状况。

3. 噪声作业职业危害预防知识培训内容

(1)了解噪声作业的行业和工种。

(2)了解噪声作业对人体的危害。

(3)掌握噪声作业的风险评估方法和内容。

(4)掌握噪声作业防护用品的正确选用和佩戴。

(5)了解噪声聋的预防与治疗。

4. 噪声防护措施

(1)环境监测：企业要定期对噪声作业场所进行噪声强度监测，了解环境噪声水平。同时进行技术革新，控制噪声源。

(2)告知：企业要对工作环境中存在的职业危害因素进行告知，减少工人噪声暴露频率。

(3)听力检测(职业健康体检)。

(4)监测上岗(职业禁忌)、离岗或转岗。

(5)噪声防护：噪声防护措施就是限制噪声暴露的时间。如果一个工人必须在强度超过 90dB(A)的噪声环境中工作，则应限定其工作时间，以确保 8 小时计权噪声总暴露量不超过 100%。要使用个人听力保护装置。企业须向工人免费提供噪声防护装置，且其必须与工作环境中的噪声强度及频谱特性相适应。工人对听力保护装置具有选择权，除非有证据表明某种装置是唯一有效的降噪装置。

(6)培训：每一个工人都应该接受个人防护用品的合理选择、正确使用和保养培训。

5. 噪声防护用品的选择及使用

常用的个体防护办法是：让工人佩戴防噪声耳塞、头盔等防噪声护具，将噪声拒之于人耳之外。护耳器选择应根据噪声声级强度确定，选用时应注意：耳塞有不同型号，使用人员应根据自己耳道大小配用；防噪声帽也按大小分号，戴用人员应根据自己头型选用。

使用护耳器时，一定使之与耳道（耳塞类）、耳壳外沿（耳罩类）密合紧贴，方能起到好的防护效果。在佩戴耳塞或耳罩时，应针对不同防护用品，恰当选择，合理使用。

（1）防噪声耳塞的使用：佩戴耳塞应注意以下有关事项。

1）各种防噪声耳塞在佩戴时，要先拿着耳塞柄，将耳塞帽体部分轻轻推向外耳道内，并尽可能地使耳塞体与耳甲腔相贴合，但不要用劲过猛、过急或插得太深，以自我感觉适度为准。

2）防噪声耳塞戴后感到隔声不良时，可将耳塞缓慢转动，调整到效果最佳位置为止。如果经反复调整仍然效果不佳时，应考虑改用其他型号、规格的耳塞试用，最后选择合适的定型使用。

3）佩戴泡沫塑料或子弹型耳塞时，应将圆柱体搓成锥形体后再塞入耳道，让塞体自行回弹，充满耳道中。

4）佩戴硅橡胶自行成形的耳塞，应分清左右塞，不能弄错；插入外耳道时，要稍做转动放正位置，使之紧贴耳甲腔内。

（2）防噪声耳罩的使用：佩戴耳罩应注意以下有关事项。

1）使用防噪声耳罩时，应先检查罩壳有无裂纹和漏气现象，佩戴时应注意罩壳的方位，顺耳廓的形状戴好。

2）将连接弓架放在头顶适当位置，尽量使耳罩软垫圈与周围皮肤相互密合。如不合适时，应稍稍移动耳罩或弓架，务必调整到合适位置为止。

无论佩戴耳塞或耳罩，均应在进入有噪声车间前戴好，工作中不得随意摘下，以免伤害鼓膜。如需摘下，最好在休息时或离开车间以后，到安静处再摘掉耳塞、耳罩，让听觉逐渐恢复。

防噪声护耳器的防护效果，不仅取决于用品本身的质量好坏，还有赖于正确掌握使用方法，养成正确佩戴和坚持使用的习惯，才能收到实际效果。

护耳器使用后应存放在专用盒内，以免挤压、受热而变形。用后需用肥皂、清水把它洗干净，晾干后再收存。橡胶制的耳塞要撒滑石粉，然后存放，以免变形。

6. 持续跟进回访

培训后 3 个月持续对员工掌握相关知识的情况进行了解，从认知、信念和行为来观察和了解员工对知识的掌握程度。通过职业健康体检报告及时发现员工中有无噪声聋的禁忌证和疑似病例。

（三）高温作业职业危害预防

1. 职业中暑的定义与分级

（1）职业中暑的定义：职业性中暑是在高温作业环境下，由于热平衡和（或）水盐代谢紊乱而引起的以中枢神经系统和（或）心血管障碍为主要表现的急性疾病。高温作业分为高温、强热辐射作业，高温高湿作业，夏天露天作业。

（2）中暑的分级

1）先兆中暑：表现为头昏头痛、口渴多汗、全身疲乏、心悸、注意力不集中、动作不协调等症状，体温正常或略有升高。出现这种情况要及时转移到阴凉通风处，补充水和盐分，并予以密切观察。短时间内即可恢复。

2）轻症中暑：表现为面色潮红，胸闷，有恶心、呕吐、大汗、皮肤湿冷、体温升高至38.5℃以上、血压下降等呼吸循环衰竭的早期症状。此时，应帮助患者迅速脱离高温场所，到通风阴凉处休息；给予含盐清凉饮料及对症处理。如及时处理，往往可于数小时内恢复。

3）重症中暑：它是中暑中情况最严重的一种，如不及时救治将会危及生命。重症中暑可分为热射病、热痉挛和热衰竭三型，也可出现混合型。

①热射病：特点是在高温环境中突然发病，体温高达40℃以上，疾病早期入量出汗，继之“无汗”，可伴有皮肤干热及不同程度的意识障碍等。

②热痉挛：表现为明显的肌痉挛，伴有收缩痛。好发于活动较多的四肢肌肉及腹肌等，尤以腓肠肌为著。常呈对称性，时而发作，时而缓解。患者意识清，体温一般正常。

③热衰竭：起病迅速，临床表现为头昏、头痛、多汗、口渴、恶心、呕吐，继而皮肤湿冷、血压下降、心律失常、轻度脱水，体温稍高或正常。如发现以上症状，应即刻送往医院救治。

2. 高温作业风险评估

（1）评估作业环境的通风情况，检测作业场所气温。

（2）评估员工的个人防护情况。

（3）评估企业高温作业的安全管理制度。

（4）评估企业高温作业的防护措施。

（5）评估员工有无高温作业的禁忌证。

（6）评估员工对高温作业的知晓程度、身体和精神状态。

3. 高温作业职业危害预防知识培训内容

（1）了解高温作业的定义和中暑的分级。

（2）掌握高温作业的风险评估。

（3）掌握中暑的预防措施。

（4）掌握中暑的急救措施。

4. 中暑的预防及急救

在高温作业环境中（如修造船生产、户外作业等），由于作业场所内存在着多种热源或由于夏季露天作业受太阳热辐射的影响，常产生高温或高温伴强热辐射等特殊气象条件，机体从高温环境接受对流与辐射热量，加上劳动和高温环境增加的代谢产生热量，远远超过机体的散热量。若这个恶性过程不断发展，人体通过一系列的体温调节还是不能维持机体的热平衡时，就会造成机体过度蓄热。同时，由于大量出汗导致脱水、失盐，从而发生中暑。

发现中暑患者后，首先应使患者脱离高温作业环境，到通风良好的阴凉地方休息，解开衣服，用冷毛巾擦身，并给予含盐的清凉饮料。必要时，可进行刮痧疗法或针刺合谷、人中等穴位。如有头晕、恶心、呕吐或腹泻，可服人丹、十滴水、涂清凉油等。严重中暑者应用冰袋、酒精浴等降温或服用冷饮及解暑药品，并迅速送医院救治。

（1）预防中暑措施

1）合理布置热源，把热源放在车间外面或者远离工人操作的地点。采用热压力为主的自然通风的厂房，应布置在天窗下面；采用穿堂风通道的厂房，应布置在主导风向的下风侧。

2）加强通风换气，加速空气对流，降低环境温度，以利于机体热量的散发。

3）隔热是减少热辐射的一种简便有效的方法。

4）加强个人防护，合理组织生产，如穿白色、透气性好、导热系数小的帆布工作服；同时调整工作时间，尽可能避开中午酷热的时间段，延长午休时间。加强个人保健，供给足够的含盐清凉饮料。

5）在高温作业场所应设置休息室，配备饮料、风扇及防暑降温用品。

（2）中暑的现场急救措施

1）移，即转移患者。迅速将患者搬移至阴凉、通风的地方，用扇子和电扇扇风，同时垫高头部，解开衣领裤带，以利于呼吸和散热。

2）擦，即物理降温。用冷水或稀释至30%～40%的乙醇（酒精）擦身，或用冷水淋湿的毛巾或冰袋、冰块置于患者颈部、腋窝和大腿根部腹股沟处等大血管部位，帮助患者散热。

3）掐，即按摩穴位。若患者昏迷不醒，则可用大拇指按压患者的人中、合谷等穴位。

4）补，即补充体液。患者苏醒后，给予淡糖盐水以补充体液的损失。

5. 持续跟进回访

培训后3个月持续对员工掌握相关知识的情况进行了解，从认知、信念和行为来观察和了解员工对知识的掌握程度。

（四）有毒化学品使用作业职业危害预防

1. 有毒化学品使用常识

（1）生产过程中有毒化学品来源

1）原、辅料：如制鞋行业中用到的胶水、清洗剂等。

2）中间产物、副产物、废弃物等，如铅烟、锰烟、二氧化硫、含氰化物的电镀废水等。

3）产品：如农药、化工厂生产的各类有机溶剂等。

（2）有毒化学品进入人体的途径

1）呼吸道：最主要途径，如各类有机溶剂、粉尘（含毒物类烟尘）。

2）皮肤黏膜：次要途径，如各类有机溶剂。

3）消化道：一般在生产中不会造成危害，但如不注重个人卫生，如在生产场所吸烟、饮水，或未洗手等，可通过食源性污染进入人体。这点在某些无机毒物如镉、铅粉尘污染中表现尤为突出。

（3）毒物导致中毒的特点

1）剂量—反应关系（量效关系）：必须达到一定的量才导致中毒，中毒程度与量成正比。

2）同一种毒物作用部位不同，结果不同。存在潜伏期。

3）后移继发效应：迟发中毒表现（早期中毒症状→好转→假愈→恶化），如硫化氢中毒。

2. 化学品使用作业风险评估

（1）工作场所是否根据所用化学品要求进行布置。

（2）所使用的化学品标识是否清晰、明了，成分和使用说明书是否明确。

（3）员工对所使用化学品的性能和防护知识是否有所了解。

（4）员工是否能正确选用个人防护用品。

（5）化学品的使用、存放是否按照说明书标注进行。

（6）员工是否了解所使用化学品的量效关系、毒理作用以及后遗继发反应。

（7）企业是否有健全的化学品管理制度和常规的培训制度。

（8）员工的心理健康状况。

3. 化学品使用作业职业危害预防知识培训内容

（1）常用化学品的分类和标识。

（2）常用化学品的危险性。

（3）常用化学品的安全标签和安全技术说明书。

（4）常用危险化学品的储存、包装和运输。

（5）常见危险化学品事故的应急救援。

（6）常见化学物的职业毒害与防毒。

4. 有毒化学品危害的预防和控制

（1）减低、控制并尽量消除危害的源头（最主要和有效）。

（2）阻断和限制危害的传播途径和环节，减少人员接触的频率（比较有效）。

（3）保护接触人员（事倍功半，成本极高，除特殊情况下，单独实施）。

（4）国内用于防尘控制提出的“革、水、密、风、护、管、教、查”的八字方针，也适用于对化学品使用作业职业危害的管理。

革：技术革新、工艺改革。自动替代手工操作，如喷涂；无毒替代有毒，如电镀中无氰替代有氰；低毒替代高毒，如甲苯、二甲苯替代苯。

水：指湿式作业，对烟尘类和部分有机溶剂类有害因素有效，如混粉、打磨类可减少粉尘的飞扬；喷油采用水帘柜，流水可带走有机溶剂雾粒。

密：对产生有害因素的设备进行密闭，减少毒物的溢散。如电池行业在密封柜内分、叠、卷片，有机溶剂盛装容器采用按压式瓶口。

风：通风。对产生粉尘、毒物、热源等有害因素尽量采取整体或局部的通风设备，降低作业点有害因素的浓度或强度，如制鞋皮革类、“宝石”及五金打磨抛光加工类设专用管道抽风罩；对注塑类、纺织制衣类整体通风，排出高温气体等不良气体。

护：个人防护和健康监护，即针对接触危害的人群配发适用的防护用品（不是越贵越好）并监督其佩戴；加强对上述人群的职业性健康监护，即上岗前体检（杜绝已患职业病的人员、有职业禁忌证人员上岗），不得混淆入厂前体检；在岗期间定期体检（早发现、早处理治疗异常人员）；离岗前体检（保证离岗时健康，主要目的是确定其在停止接触职业病危害因素时的健康状况，避免日后纠纷）；建立个人职业健康档案（对离职人员也要保留其档案 3 ～ 5 年）。

管：加强管理。建立健全各项职业卫生安全生产管理规章制度，落实责任制，避免以人情管人；对防护设备和用品加强日常维护，避免防护设备和用品因长期使用而导致效能降低，失去作用。

教：宣传教育。做好相关法律法规、规章制度、防护知识等宣传培训工作，提高管理水平和自觉执行有关规定的意识，减少劳资纠纷。

查：加强日常或专项检查。对职业危害防护管理工作进行检查、评比，及早发现问题，及时采取对策处理。

5. 持续跟进回访

培训后 3 个月持续对员工掌握相关知识的情况进行了解，从知识、信念和行为来观察和了解员工对知识的掌握程度。

四、心理健康及意外伤害现场急救常识培训

（一）心理健康知识培训内容

（1）心理健康基本常识。

（2）常见企业员工心理问题与调节方法。

（3）压力管理，包括员工工作压力情况、组织支持感、工作倦怠和身心健康 4 个方面的常见问题与解决办法或技巧。

（4）良好的沟通技巧与方法。

（5）心理调适与美好生活。

（二）创伤止血救护

出血常见于割伤、刺伤、物体打击和碾压伤等。如伤者一次出血量达全身血量的 1/4 以上时，生命就有危险。因此，及时止血是非常必要和重要的。遇有这类创伤时不要惊慌，可用现场物品如毛巾、纱布、工作服等立即采取止血措施。如果创伤部位有异物，如不在重要器官附近，可以拔出异物，处理好伤口；如无把握就不要随便将异物拔掉，应立即送往医院，经医师检查，确定未伤及内脏及较大血管时，再拔除异物，以免发生大出血措手不及。

（三）烧伤急救处理

在生产过程中有时会受到一些明火、高温物体烧烫伤害。严重的烧伤会破坏身体防病的重要屏障，血浆液体迅速外渗，血液浓缩，体内环境发生剧烈变化，产生难以抑制的疼痛。这时患者很容易发生休克，危及生命。所以烧伤的紧急救护不能延迟，要在现场立即进行。基本原则是：消除热源、灭火、自救互救。烧伤发生时，最好的救治方法是用冷水冲洗，或患者自己浸入附近水池浸泡，防止烧伤面积进一步扩大；衣服着火时应立即脱去用水浇灭或就地躺下，滚压灭火，衣服如有冒烟现象应立即脱下或剪去以免继续烧伤；身上起火不可惊慌奔跑，以免风助火旺，也不要站立呼叫，免得造成呼吸道烧伤。烧伤经过初步处理后，要及时将患者送往就近医院进一步治疗。

（四）触电急救

此类事故不多，但病死率很高。有关资料表明，触电后 1 分钟内抢救的成功率为 90%，6 分钟内抢救的成功率为 50%，超过 12 分钟抢救成功率为零。所以，对触电者的急救，有着重大意义。遇有触电者，施救人员首先应切断电源，若来不及切断电源，可用绝缘物挑开电线。在未切断电源之前，救护者切不可用手拉触电者，也不能用金属或潮湿的东西挑电线。把触电者抬至安全地点后，迅速判断伤者有无意识，有无呼吸和心搏，若无呼吸和心搏，应立即进行人工呼吸和胸外按压（即心肺复苏）。心肺复苏具体方法如下：

1. 口对口人工呼吸法

方法是把触电者仰卧放置，救护者一手将患者下颌合上并向后托起，使患者头尽量向后仰，以保持呼吸道畅通，另一手将伤员鼻孔捏紧，此时救护者先深吸一口气，对准

患者口部用力吹入，吹完后嘴离开，捏鼻手放松，如此反复实施。如吹气时患者胸壁上举，吹气停止后患者口鼻有气流呼出，表示有效。

2. 胸外心脏按压术

将触电、溺水或其他原因导致的心跳呼吸骤停者，仰卧于安全的平地上，救护人双手重叠，按压部位：为胸骨中下1/3，非学医者可以考虑选择两乳头连线与前正中线的交点。按压的频率是100～120次/分。按压的深度是5～6cm。按压时手不要离开胸壁，保持频率和节律的规整。双人心肺复苏时按压与通气比是30 ∶ 2，也就是做30次胸外按压，给予2次人工呼吸。往复循环，直至伤员自主呼吸或救护车来到现场。

（五）外伤急救

1. 断指断肢现场急救

在工作中发生断指或断肢时，马上拉闸关机，取出断指或断肢，一边通知班组长和安全管理人员一边进行消毒、止血、包扎，把断指或断肢用干净湿润的手绢或毛巾包好，放在不渗漏的塑料袋或胶皮袋内，袋口扎紧，然后在口袋周围放冰块或雪糕等降温。拨打120与急救医院取得联系，施救人员立即安排车辆将工伤职工和断指或断肢迅速送往医院，让医师进行断指或断肢再植手术。切记千万不要在断指、断肢上涂碘酒、酒精或者其他消毒液，这样会使组织细胞变质，造成不能再植的严重后果。

2. 脊柱骨折急救

脊柱骨俗称背脊骨，包括颈椎、胸椎、腰椎等。对于脊柱骨折患者如果现场急救处理不当，容易导致伤者二次伤害，造成不可挽救的后果。特别是背部被物体打击后，有脊柱骨折的可能。对于脊柱骨折的患者，急救时可用木板、担架搬运，让伤者仰躺。无担架、木板需众人用手搬运时，抢救者必须有一人双手托住伤者腰部，切不可单独一人用拉、拽的方法抢救伤者。否则，把受伤者的脊柱神经拉断，会造成下肢永久性瘫痪的严重后果。

3. 眼睛受伤急救

发生眼伤后，可做如下急救处理。

（1）轻度眼伤如眼进异物，可叫现场同伴翻开眼皮用干净手绢、纱布将异物拨出。如眼中溅进化学物质，要及时用水冲洗。

（2）重度眼伤时，可让伤者仰躺，施救者设法支撑其头部，并尽可能使其保持静止不动，千万不要试图拔出插入眼中的异物。

（3）见到眼球鼓出或从眼眶脱出东西，不可把它推回眼内，这样做十分危险，可能会把能恢复的伤眼弄坏。

（4）立即用消毒纱布轻轻盖上伤眼，如没有纱布可用刚洗过的新毛巾覆盖伤眼，再缠上布条，缠时不可用力，以不压及伤眼为原则。

（5）做完上述处理后，立即送医院再做进一步的治疗。

（六）吸入毒气急救

一氧化碳、二氧化氮、二氧化硫、硫化氢、苯类等超过允许浓度时，均能使吸入者中毒。如发现有人中毒昏迷后，救护者千万不要贸然进入现场施救，否则会导致多人中毒的严重后果。遇有此种情况，救护者一定要保持清醒的头脑，施救时切记一定要戴上防毒面具。若一时没有防毒面具，首先要对中毒区进行通风，待有害气体降到允许浓度时，方可进入现场抢救。将中毒者抬至空气新鲜的地点后，立即用救护车送往医院救治。

第三节　工伤预防宣传

通过开展工伤预防知识宣传活动，旨在让用人单位加强工伤预防培训管理，让从业人员进一步了解、认识、学习工伤预防知识，提高工伤预防意识，达到抵御风险，减少工伤事故的发生的目的。

一、宣传目的与要求

（一）宣传目的

以全面开展工伤预防和推进参保扩面为重点，开展工伤预防主题宣传活动，有效提升工伤保险政策法规在社会上的知晓度，切实保障广大职工工伤保障权益，推动工伤保险事业健康发展。

（二）工作要求

（1）高度重视，抓好落实。一是坚持以正面宣传为主，宣传《工伤保险条例》贯彻实施以来取得的成绩，确保积极健康的舆论导向。二是要深入浅出，以通俗易懂的方式，将工伤保险法律法规和政策宣传到各类用人单位和职工中去。

（2）围绕主题，突出重点。坚持将企业务工人员作为重点宣传人群。充分发挥工伤预防的作用，积极探索创新宣传方式，摸索经验，不断完善，努力开创工伤保险宣传工作的新局面。

（3）联合相关部门，合力推进。加强与工会、安检等相关部门的联手协作，积极争取协作部门的支持与配合，发挥协作部门的职能优势，形成多部门联动效应，齐心协力推进宣传工作。

二、宣传形式与内容

（一）活动形式

1. 召开专题会议

会议由人社局领导及各企业相关负责人参加，各级领导就工伤预防工作做重要讲话，企业代表发言。

2. 开展现场咨询活动

在广场等人员比较密集的场所，悬挂宣传条幅和发放资料，现场解答群众的问题。

条幅用语：①参加工伤保险，分散单位风险；②工伤保险与您风雨同舟；③知晓工伤保险政策，维护工伤职工权益；④工伤保险利国利民，积极参与化解风险；⑤提高工伤预防，保护劳动者健康。

宣传资料：各类工伤预防相关政策、各行业工伤预防知识手册、安全生产和职业卫生类知识宣传，以及心理相关知识。

3. 开展专题讲座

深入企业，根据企业实际情况，分人群分层次教学，以理论讲授、案例分享、角色扮演、小组讨论和多媒体播放等多种形式，对提高员工工伤预防意识、知识和技能方面的知识点进行讲授，突出授课内容的针对性与实用性。

4. 广泛应用互联网

采取线上、线下各种宣传形式如有奖问答、项目投票、看图找危险因素等各种能营造人人参与工伤预防的形式。线下可以通过各种可以充分调动广大群众和参保人员的活动进行工伤预防的宣传，如：举办大型工伤预防文艺演出主题活动、工伤预防技能大比拼、工伤预防知识抢答赛、工伤预防征文比赛、演讲比赛、漫画比赛、工伤预防成功案例分享等。

（二）宣传内容

（1）《社会保险法》和《工伤保险条例》的各项政策规定。

（2）贯彻《工伤保险条例》相关规范性文件。

（3）依法参保缴费的各项政策规定和工作流程。

（4）工伤认定申请、享受工伤保险待遇等工伤保险相关工作的经办流程。

（5）各行各业工伤危险因素与防范措施与技能。

（6）工伤预防培训的重要性。

第三章　工伤预防实践

第一节　站位高，率先垂范，广东省工伤预防服务模式

广东省贯彻落实人社部工作部署，坚持以人民为中心的发展思想，努力践行“预防优先”理念，着力健全工伤预防制度机制，营造共建共治共享工伤预防新格局，增强劳动者工伤预防意识和技能，从源头上减少工伤事故的发生，根本上保障劳动者安全健康权益，取得了良好的经济效益和社会效益。

一、主要做法与成效

1. 高度重视，认真践行工伤预防优先理念

思想是行动的先导。工伤预防通过防患于未然，具有很高的经济社会效益。据统计，我国每年发生职业伤害 100 万起，其中安全事故死亡人数达到 4 万例左右，经分析，发现导致事故发生的原因：88% 是因为人的不安全行为，10% 是因为物的不安全状态，2% 是不可抗力的。因此，做好工伤预防可以避免 88%以上的职业伤害的发生，这充分说明了职业伤害的可预防性，工伤预防工作的重要性与迫切性。同时，工伤预防是工伤保险部门的法定职责，直接关系到劳动者的生命安全和身体健康，是一项重大民生工作，也是工伤保险制度中成本效益比最大、最高效的投入产出方式，广东省高度重视工伤预防工作，积极主动制定了一系列法规、政策、标准，搭建了完整的工伤预防制度体系和工作体系，改善劳动环境，促进职业健康发展，构建了政府、企业、职工共建共治共享的工伤预防工作新格局，形成了多方共赢、良性互动的政策效应，从源头上降低了工伤发生率，保障了劳动者的生命权和健康权，分散了企业风险，提高了基金使用效率，降低了人力资源和经济资源的浪费，促进了社会和谐稳定。近五年来，广东省参保单位工伤发生率从 0.47% 降至 0.35%，下降幅度达 25.5%；全省工伤保险平均费率从 0.63% 降至 0.32%，下降幅度达 49.2%，处于全国最低水平。

2. 建章立制，着力完善工伤预防制度体系

为工伤预防有章可循、有法可依，从1998年开始，广东省就对工伤预防作出了制度安排，用地方性法规形式奠定了工伤预防的法律地位和制度基础，推动工伤预防制度化、规范化、常态化。一是立法保障工伤预防开展。《广东省工伤保险条例》把“促进工伤预防”作为立法的宗旨之一，提出了“工伤保险工作应当坚持预防、救治、补偿和康复相结合的原则”，明确工伤保险基金可用于工伤预防支出，规定了工伤预防费提取比例并作为专项经费管理使用，奠定了工伤预防法制基础。二是规范工伤预防费管理使用。制订了《广东省工伤保险专项经费管理办法》，明确了工伤预防费支出范围、使用主体、预算管理、用款程序和监督管理等内容，厘清边界、细化程序、明确责任、强化监管，定期披露工伤预防费的使用情况，确保工伤预防费规范使用。三是推行工伤预防项目实施模式。根据国家部署，结合广东省实践，广东省工伤预防按照“政府主导，专业运作”的工作模式，实行项目管理。为了确保项目规范、有序开展，出台《广东省工伤预防项目实施办法》，对工伤预防项目重点领域确定与发布、申报、项目遴选及确定、组织实施、绩效目标、评估验收、结算等具体过程做出规定，明确面向广东省行业和大中型企业开展的工伤预防项目，由相关行业协会和大中型企业等社会组织作为申报主体。面向社会和中小微型企业的工伤预防项目，由人社、卫计、安监等部门参照政府采购法等相关规定，从符合规定的机构中选择提供服务的机构，推动项目实施。明确实施的关键是做好全流程管控，为确保落到实处，重点“抓两头，管中间”，“一头”是确定预防重点领域及项目，根据近三年基金收支及工伤事故危害情况，经工伤预防联席会议研究，确定下一年度工伤预防重点领域。根据项目申报情况，由工伤预防专家组成专家评委会采用公开评审和集中答辩等方式进行评审，提出评审意见。工伤预防联席会议再根据专家评委会的评审意见，集体研究确定纳入下一年度的工伤预防项目；“一尾”是对项目进行验收评估，建立预防项目评估指标体系和定量定性指标相结合的绩效考核标准，由人社部门牵头组织第三方中介机构或聘请相关专家对项目进行评估验收，提升预防费使用效能。强化事中事后监督，明确项目服务机构要定期将项目进展和成效等情况报社保经办机构，建立档案管理制度，实现可查询、可追溯的全过程痕迹管理，开展定期或不定期的专项监督检查。四是制定行业工伤预防标准。在实践基础上，部分试点城市与大学等科研机构合作，对影响职工安全与健康的危险因素进行研究，出台了工伤预防行业指导规范及标准，制定了制造、建筑等19个行业工伤危险因素风险识别及预防措施实施办法，编印并免费发放给企业，起到了很好的指导示范作用。

3. 加大投入，持续健全工伤预防三项长效机制

工伤预防政策性强，涉及面广，我们注重建立长效保障机制，推动工伤预防工作健康平稳开展。一是建立技术保障机制。组建省、市两级工伤预防专家库，专家由各相关部门推荐择优组成，负责在工伤预防项目遴选评审中提出评估意见、在项目评估验收中提供技术支撑。组建工伤预防专业机构及团队，以省工伤康复中心为依托成立工伤预防专业团队，深入企业开展现场互动式的培训和环境检测，指导企业改进生产环境。同时，发挥省工伤康复中心的示范引领作用，积极培育从事相关宣传、培训的社会、经济组织参与到工伤预防工作中来。二是建立经费保障机制。广东省工伤预防费纳入人大预算管理，发生支出时据实列支。近五年，从工伤保险基金中依法提取费用开展工伤预防宣传、培训等工作，年均支出8000万元，占基金征缴的2%，有力支持了预防工作开展。三是建立部门协作机制。工伤预防与安全生产关系密切，存在互相促进的辩证关系，涉及多个部门，需部门联动协作，才能取得更好效果。广东省各级人社部门注重与安监、卫生、财政、住建等部门协作，发挥人社部门经费保障优势和安监、卫生、住建等部门行政主管优势，在宣传培训、信息共享、监督检查等方面密切合作，自上而下建立工伤预防联席会议工作制度，由人社、卫计、安监等部门作为成员单位，会议由人社牵头定期召开，研究工伤预防项目重点领域的确定、项目遴选及确定、预算管理、监督检查等。建立了安全生产与职业卫生监督检查联合行动制度，安监、卫计、人社等部门每年定期开展联合执法行动，重点规范电子制造、电池制造、运动器材制造等行业和有机溶剂使用重点行业领域的劳动安全，切实维护劳动者职业健康权益。

4. 突出重点，抓好工伤预防宣传和培训

宣传和培训是工伤预防的重要手段。广东省将工伤事故及职业病发生率高的重点行业、企业、岗位优先作为宣传、培训对象，通过宣传和培训，强化理论和技术的知识普及，提高用人单位和职工的安全生产意识和防控事故的能力，有效遏制工伤事故和职业病的发生，起到了事半功倍的效果。

第一，抓好宣传，增强工伤预防理念。着力构建全方位、立体化的宣传格局，在全社会经常性地开展工伤预防宣传，普及工伤预防知识，推动劳动者从“要我预防”向“我要预防”“我会预防”到“传递预防知识”形成“预防文化”。一是以“点”为支撑，开展针对性宣传。以企业职工为重点，通过发放宣传资料、咨询服务、关注相关微信公众号、参与知识竞答等，在工伤保险各环节对劳动者开展职业风险防范宣传教育。二是以“线”为主轴，突出重点行业宣传。重点抓好制造、建筑、陶瓷、五金、黏胶等行业工伤预防宣传教育，制作高危行业工伤预防宣传资料，每年深入企业发放宣传海报、手册、折页约100万份。三是以“面”为基础，打造宣传品牌。打造工伤预防宣传大讲堂、百厂行、巡回义演、知识竞答、技能大比拼、工伤预防直通车等六个品牌活动，持续扩大宣传覆盖面。其中，“大讲堂”，进基层宣讲工伤预防和急救知识，举办66期覆盖1000多家单位8.2万人次；“百厂行”，每年挑选100家中型企业开展政策宣传；“巡回义演”，组织了10次大型户外活动，寓教于乐，让观众充分理解工伤保险与工伤预防知识；“知识竞答”，采用线上线下的形式进行，通过抢红包形式，发动了200万人参加；通过线下工伤预防知识抢答赛，让企业员工将知识点记牢、记住。“工伤预防直通车”，通过装载有 LED 大屏幕、舞台以及各类互动体验的个人防护用品、用电安全、VR、心肺复苏、各类职业病器官模型等，让工伤预防直通车走进街道、社区、园区和企业，组织职工亲身体验，增强了职业安全健康知识与技能。四是以“活”为特点，创新宣传载体。既发挥报刊、电台、电视等传统媒体的权威优势，又利用互联网、微信、微博等新媒体的覆盖优势，构建工伤预防立体化宣传格局。比如，在主流媒体定期解读法规政策、发布典型案例、宣传安全知识；开通“工伤预防”网和微信公众号，推送法规政策、工作动态、事故案例分析、安全防护知识等内容；建立“工伤事故警示教育基地”，通过图片展示、事故案例影片、3D 工伤情景模拟、360° 工伤危险因素识别，180° 幻影成像典型案例分析、个人防护用品试用、零距离听工伤职工现场分享等方式，让参观者获得直观、生动、深刻教育；制作了“建筑业工伤保险”“工伤预防保平安”“让爱回家”“儿归何处”等动漫与微电影和宣传海报、扑克牌、环保袋、安全帽等宣传品，在全省推广使用；联合省总工会举办“工人在线”访谈，“案例分享”工伤预防大型活动微信同步直播等聚焦职工劳动安全的活动。

第二，抓好培训，增强工伤预防技能。以精准性和实效性为目标导向，贴近企业和职工需求，推动工伤预防培训模式从“传统的被动灌输”向“双向互动与持续改善”转变。一是利用大数据找准培训重点。开发全省集中的业务一体化办理的工伤保险信息系统，从认定、鉴定环节抓取数据，从外协信息平台，读取安监、卫计部门的相关数据，建立工伤预防数据库，利用大数据找准培训重点群体，精准开展工伤预防。根据建筑业工伤事故多发的情况，2016 年以来广东省各级人社、住建部门联合举办二期建筑业工伤保险与安全生产“千企万人”集中培训，共培训 1 万家建筑企业、3.8 万名管理人员，实现了建筑企业培训全覆盖。二是制定针对性的培训内容。组织省工伤康复中心编制了工伤预防培训基础教材和大纲，并结合企业现场巡查评估情况，针对性拟订培训内容，做到“一企一课”，保证了培训效果。三是推行有实效的互动培训方法。从 2009 年起，推行全员参与和双向互动式培训，在制造、建筑、陶瓷、五金、黏胶等行业试点，累计培训企业 2000 多家、参训员工约 20 多万人，这种培训模式，因针对性强，投入少、回报高、易实践，深受企业和职工认可。培训前，由专业机构对参训企业工伤危险因素“全面体检”，出具评估报告，提出改善措施，制定培训内容。培训时，一线职工及管理人员参与小组讨论、角色互换、案例分享和风险识别等，运用“双向互动”方法调动参训人员积极性，帮助企业培养培训导师，成立工伤预防委员会，促进企业持续开展工伤预防。培训后，持续跟进回访，组织“回头看”，检查和指导企业落实改善措施、职工预防意识提高情况，推动企业安全环境持续改善。2016 年，指导 175 家企业落实整改建议措施 1700 多条，2.12 万名参训职工有 90% 显著提升了工伤预防知识、信念和行为，参训单位工伤发生率从 0.86% 下降至 0.41%，取得了良好社会经济效益。四是开发在线学习培训系统。与专业机构合作开发了“工伤保险在线学习培训系统”，利用网络、微信等新媒体进行培训，将工伤预防知识点，利用互联网新技术，加上动态效果，配合工伤小超人的形象，以生动活泼的形式授课，还设计答题环节，考察培训效果。通过24小时持续、灵活、多样的在线学习，有效提升了职工工伤预防意识和技能，深受广大职工的欢迎。

5. 奖惩结合，发挥浮动费率杠杆作用

广东省在实施工伤保险八类行业基准费率的基础上，建立了费率浮动管理机制。把工伤保险费使用、工伤发生率、职业病危害程度作为核心考核指标，把安全生产标准化建设、安全生产与职业病黑名单等作为重要奖惩因素，每一至三年对参保单位的工伤风险状况进行全面评估，确定其费率是否浮动及浮动的档次，对安全生产状况差、基金使用多的用人单位上调费率，对安全生产情况好、基金使用少的用人单位下调费率，上下浮动幅度最高达50%，发挥了浮动费率杠杆的激励和约束机制，促进企业主动做好工伤预防，减少工伤事故与职业病的发生。

二、存在的困难与问题

广东省在推进工伤预防工作方面虽然取得了一定成效，但在实际工作中也还存在一些困难与问题。

1. 工伤预防体制机制问题

第一，急需加强工伤预防机构队伍建设。目前我省工伤预防工作任务重，要求高，内容多，额度大，审计严，但所辖范围内均未设立专门从事工伤预防的行政和（或）经办职能处（科）室，也未有专门从事工伤预防的专职人员编制，工伤预防体制力量严重不足，导致部分地区工作难以开展或滞后。第二，急需培育工伤预防服务机构和人才。国务院关于实施健康中国行动的意见 国发〔2019〕13号规定大中型企业、行业协会和专业培训机构是实施工伤预防项目主体，但广东省面临承接工伤预防项目的服务机构不足、资质不高、工伤预防专业人才匮乏情况。

2. 工伤预防项目实施监督难问题

存在监督工伤预防项目实施缺乏长效机制问题，作为工伤预防牵头部门的人社部门编制人员少，力量薄弱，信息化系统落后，监督技术手段单一等，导致监管难以覆盖工伤预防项目实施的事前事中事后阶段。

3. 工伤预防项目实施操作难问题

第一，工伤预防重点领域确定规则、宣传评估验收指标、经费支付标准等缺乏统一标准，缺乏细则不好把握落地，面临审计风险；第二，预防项目立项和招投标流程长，实际实施时间短，工作开展计划性与连续性不强，由于服务标准不一，过度低价中标以及招标过程中出现大量招标代理费，影响工伤预防工作的全面推进，最终制约工伤预防管理办法政策执行，实践中存在打通政策落地实效最后一公里问题。

三、对策措施

为更好适应工作实践，确保工伤预防项目实施开展取得实效，提出以下建议。

1. 完善政策，扩大工伤预防费支出范围

为了从源头上减少工伤事故和职业病的发生，实现“最大限度地减少工伤”的最终目标，有必要扩大工伤预防费支出范围。我省自开展工伤预防试点工作以来，一直将职业病健康体检、工伤预防研究作为工伤预防经费列支范畴，在10多年的探索中，职业健康体检、预防项目研究等费用每年占全年工伤预防经费支出的45%，同时获得省内安监、卫计等部门赞同和支持，取得了较好成效：如省康复中心开展的职业病体检中，每年发现疑似病例达200多例，职业禁忌证500多例，从源头上减少了职业病的发生，节约了大量基金，保障了职工的健康安全；工伤预防的研究不仅提高工作效能，还对接国际先进经验，使实践工作少走弯路，并与同行及时共享研究成果，避免经费重复投入。因此，希望在正式文件出台时，能扩大工伤预防费的使用范围，如：开展工伤预防项目研究、专题调研、第三机构验收评审、中标服务和咨询指导活动等费用，对参保的用人单位职工开展引领示范性预防性职业健康体检。

2. 完善模式，建立工伤预防协议管理机制

第一，建议从国家层面到各省市层面，借助机构改革的契机，争取考虑成立单独的工伤预防处（科）室，配备和培养专职工伤预防人才，实现人才带动事业的局面，加强省内工伤预防服务网络布局，形成示范引领态势，推动工伤预防工作取得更大成效。第二，建议实施工伤预防协议管理。广东省在按规定确定专业服务机构时，存在明显的招投标方式消耗的时间较长、工伤预防专项经费按年度结算时间不足、工伤预防工作延续性不足等问题，建议借鉴工伤医疗和工伤康复协议管理经验，严格审核第三方实施机构资质、人员，签订协议，实现协议管理模式，既节约时间、行政成本与基金，更有利于工作的开展，可避免赶工期和跨年结算等问题。第三，加强工伤预防全面监督。事前防控要求严格审核工伤预防项目详细实施计划，保证项目实施的必要性与实际效果，事中通过随机抽查和信息化手段加强监控，事后根据各项考核指标进行严格评估验收，通过经济杠杆保证项目如质如量完成。

第二节　抓源头降事故，广州市工伤预防工作实践

针对工伤预防工作实际开展情况，全国有50个城市（统筹地区）被确定为工伤预防试点城市，各种工伤预防工作和相关政策仍处在不断探索、总结经验的阶段。近两年广州市出台了一系列有关工伤预防的文件和政策，如：广州市人民政府印发

了《广州市工伤保险若干规定》(穗府〔2014〕30号),解决了工伤保险实践中存在的14个重大问题;广州市人社局会同市财政局制定了《广州市工伤保险专项经费管理办法》和《广州市工伤保险专项经费使用管理规范》;广州市人社局会同市安监局联合印发了《广州市人力资源和社会保障局 广州市安全生产监督管理局关于开展广州市工伤预防性职业健康检查与检测工作的通知》(穗人社发[2014]45号)和《广州市人力资源和社会保障局 广州市安全生产监督管理局关于联合开展工伤预防及安全生产宣传培训工作的通知》(穗人社函〔2014〕2011号)等文件。同时,广州市在学习国内外各种先进理念的基础上,结合企业生产现状、行业规模、工艺工程、职业健康安全状况、政策、工人受教育程度及行为习惯等因素,在已有的工作基础上进一步完善和优化传统培训项目的内容和实施形式,探索出了一套企业认可度高,员工接受容易,投入小,成效显著的具有广州特色的工伤预防普思参与式培训持续改善项目(Participatory Occupational Health and Safety Improvement, POHSI)。

为充分证明工伤预防普思参与式培训持续改善项目是一种既能有效提高工人工伤预防知、信、行水平、降低工伤发生率又有较好经济和社会效益的工伤预防培训模式,我们将2014年的工伤预防培训项目的数据与传统宣教式培训干预数据(数据来自广东省工伤康复中心与香港中文大学合作的科研项目)进行比较,验证其成效。现将参加工伤预防参与式培训持续改善项目的企业设为干预组,参加传统宣教式培训干预企业为对照组。结果分析如下。

一、工人基本信息

对照组共完成了100家企业13 606名工人的培训,对照组50家企业培训了5106名工人。两组工人人口统计学资料间无显著性差异,具有可比性。见表3-1。

表3-1 工人基本信息表

组别	干预组		对照组	
	人数(n)	构成比(%)	人数(n)	构成比(%)
性别				
男	9380	68.94	3527	69.07
女	4226	31.06	1579	30.93
文化程度				
未上学	82	0.60	56	1.10
小学	408	3.00	225	4.40
初中	4572	33.60	2007	39.30
高中或中专	5715	42.00	1792	35.10

（续表）

组别	干预组		对照组	
	人数（n）	构成比（%）	人数（n）	构成比（%）
大专及以上	2231	16.40	842	16.50
缺失	599	4.30	184	3.60
工资水平（元/月）				
＜2000	1197	8.80	373	7.30
2000～3000	3932	28.90	1006	19.70
3000～4000	3320	24.40	1532	30.00
4000～5000	816	6.00	429	8.40
5000	381	2.80	199	3.90
缺失	3959	29.10	1568	30.70
工伤发生情况				
无	12 518	92.004	4296	84.14
有	435	3.196	177	3.46
缺失	653	4.800	633	12.40
职位				
一线工人	7932	58.30	3104	60.79
班组长	2735	20.10	1280	25.07
企业管理人员	2572	18.90	406	7.95
缺失	367	2.70	316	6.19

二、两组企业行业及规模分布

在已完全培训的150家培训企业中，18个行业两组均有分布，见表3–2。干预组以五金塑胶、电子和包装为主，对照组以五金塑胶、包装和电子为主（表3–3）。

表3–2　不同行业分布及工人参加培训情况

行业类型	企业数			人数		
	干预组	对照组	总数	干预组	对照组	总数
包装	9	5	14	760	305	1065
玻璃制品	2	1	3	603	236	839
电子	15	7	22	1323	639	1962
纺织	5	3	8	644	203	847

（续表）

行业类型	企业数			人数		
	干预组	对照组	总数	干预组	对照组	总数
化工	7	4	11	795	487	1282
家具制造	4	2	6	624	223	847
建筑	1	0	1	478	105	583
汽车配件	4	2	6	532	167	699
汽车维修	3	2	5	482	151	633
食品	3	2	5	559	172	731
五金塑胶	19	10	29	1338	513	1851
物流	2	1	3	609	95	704
橡胶	7	3	10	1006	491	1497
印刷	7	3	10	1078	480	1558
制鞋	2	1	3	585	158	743
制药	4	2	6	1028	361	1389
珠宝加工	3	1	4	577	251	828
自来水生产	3	1	4	585	69	654
合计	100	50	150	13 606	5106	18 712

表 3-3　企业规模分布情况

企业规模	企业数			人数		
	干预组	对照组	总数	干预组	对照组	总数
大型企业	20	10	30	3843	1766	5609
中型企业	67	34	101	6809	2494	9303
小型企业	13	6	19	2954	846	3800
合计	100	50	150	13 606	5106	18 712

此次培训中，干预组 100 家共 13 606 名工人参加培训，对照组有 50 家共 5106 名工人参加培训。

三、应答率

干预组中问卷有效应答率为 78.79%，培训后立即和回访的问卷应答率分别为 84.30% 和 72.54%；对照组有效应答率为 73.57%，培训后立即调查应答率为 80.299%，回访为 71.75%。见表 3–4。

表 3–4　干预组和对照组培训后工人应答情况

组别	培训人数	培训前		培训后立即		回访	
		n	有效应答（%）	n	应答率（%）	n	应答率（%）
干预组	9732	7668	78.79	6464	84.30	5562	72.54
对照组	4287	3154	73.57	2532	80.29	2203	69.85
合计	14 019	10 822	77.19	8996	83.13	7765	71.75

四、知信行结果

1. 员工总的知、信、行结果

分析两组培训前后及回访问卷得分，干预组培训后立即得分均较培训前有提高，差异有统计学意义（$P < 0.05$）。回访得分较培训后立即有降低，知识和信念较培训前有显著差异（$P < 0.05$）。对照组后立即得分均较培训前有提高，信念和行为得分较培训前有显著差异（$P < 0.05$），回访得分下降到培训前水平。两组比较，培训前两组知信行得分无显著差异，培训后立即知识得分有显著差异，回访知识和行为得分干预组显著高于对照组（$P < 0.05$）。见表 3–5。

表 3–5　两组培训工人知信行得分比较

项目	培训前得分		培训后立即得分		回访得分	
	干预组	对照组	干预组	对照组	干预组	对照组
知识	7.17 ± 0.81	7.30 ± 1.99	8.42 ± 0.52[#※]	7.67 ± 1.79	7.74 ± 0.76[#]	7.14 ± 0.96
信念	6.66 ± 0.77	6.97 ± 1.40	8.22 ± 0.43[#]	7.91 ± 1.22[#]	7.40 ± 0.84[※]	6.71 ± 1.02
行为	6.15 ± 0.62	7.55 ± 1.33	8.56 ± 0.59[#]	8.13 ± 1.87[#]	7.64 ± 0.62[#※]	6.24 ± 0.82

注："#" 与培训前比较，$P < 0.05$；"※" 与对照组比较，$P < 0.05$。

2. 员工知识得分比较

项目设计的 6 部分培训内容均有涉及，包括人体工效学、机器安全、工作环境、化学品安全、粉尘防护和噪声防护。比较干预组和对照组 3 个时间段知识得分，培训后立即和回访知识得分均较培训前有提高。人体工效方面，干预组培训后立即和回访得分较培训前均有显著提高（$P < 0.05$），培训后立即得分和回访时得分均显著高于对照组（$P < 0.05$）；

机器安全方面，干预组培训前、培训后立即和回访得分与对照组比较差异均有统计学意义（$P < 0.05$）；工作环境方面，干预培训后立即得分与培训前和对照组立即得分比较差异有统计学意义（$P < 0.05$），回访得分较培训前和对照组得分高，差异有统计学意义（$P < 0.05$）；化学品安全方面，两组培训后立即和回访得分均较培训前有提高，但相互间无明显差异（$P > 0.05$）；粉尘方面，干预组培训后立即较培训前有明显提高（$P < 0.05$）；噪声方面，培训后立即两组得分均较培训前有显著提高（$P > 0.05$），但相互间无显著差异（$P > 0.05$），干预组回访得分与培训前差异有统计学意义（$P < 0.05$）（表 3–6）。

表 3–6　不同培训内容知识得分比较

培训内容	培训前		培训后立即		回访	
	n	得分	n	得分	n	得分
人体工效学						
对照组	1786	6.65 ± 1.50	1649	7.08 ± 1.18	1051	6.74 ± 1.49
干预组	3698	7.41 ± 0.20	3654	8.49 ± 0.17#※	2491	8.02 ± 0.67#※
机械安全						
对照组	2206	4.95 ± 2.84	2082	5.75 ± 1.56	1574	5.06 ± 1.18
干预组	4863	6.51 ± 0.92※	4703	7.31 ± 0.47※	3264	6.81 ± 1.36※
工作环境						
对照组	2144	6.55 ± 2.48	2041	7.35 ± 2.48	1167	6.87 ± 2.02
干预组	3973	6.55 ± 1.47	3822	8.47 ± 0.88#※	2572	7.76 ± 2.27#※
化学品安全						
对照组	2329	7.88 ± 0.86	2235	8.32 ± 0.89	1675	7.96 ± 0.75
干预组	4902	7.46 ± 0.66	4718	8.57 ± 0.59	3517	7.91 ± 0.81
粉尘防护						
对照组	2296	6.23 ± 2.80	2198	7.29 ± 2.09	1721	6.53 ± 1.84
干预组	4465	6.30 ± 1.07	4137	7.87 ± 0.60#	3811	6.62 ± 0.95
噪声控制						
对照组	2949	6.96 ± 3.26	2857	7.84 ± 2.57#	1984	7.14 ± 2.47
干预组	5818	6.50 ± 0.30	5782	8.08 ± 0.26#	4201	7.40 ± 0.45#

注：“#”与培训前比较采用配对 t 检验，$P < 0.05$；“※”与对照组比较采用独立样本 t 检验，$P < 0.05$。

3. 员工信念得分比较

比较干预组和对照组 3 个时间段信念得分，培训后立即和回访知识得分较培训前有提高。人体工效方面，干预组培训后立即和回访得分较对照组得分有显著差异（$P < 0.05$）；机器安全方面，干预组培训后立即和回访得分与培训前比较差异均有统计学意义（$P < 0.05$），回访得分较对照组得分高，差异有统计学意义（$P < 0.05$）；工作环境方面，干预培训后立即得分与培训前和对照组立即得分比较差异有统计学意义（$P < 0.05$）；化学品安全方面，对照组培训前得分显著高于干预组（$P < 0.05$），干预组培训后立即和回访得分与培训前比较差异均有统计学意义（$P < 0.05$）；粉尘方面，干预组培训前和立即得分均较培训前高，回访得分较对照组高，差异均有统计学意义（$P < 0.05$）；噪声方面，两组得分有提高，但不显著（$P > 0.05$）（表 3-7）。

表 3-7 不同培训内容信念得分比较

培训内容	培训前		培训后立即		回访	
	n	得分	n	得分	n	得分
人体工效学						
对照组	1786	5.86 ± 1.99	1649	6.99 ± 1.70	1051	5.94 ± 1.44
干预组	3698	6.78 ± 0.60	3654	8.41 ± 0.35#※	2491	6.90 ± 0.54※
机械安全						
对照组	2206	6.49 ± 0.43	2082	7.55 ± 0.29	1574	6.52 ± 0.38
干预组	4863	6.38 ± 0.93	4703	7.76 ± 0.55#	3264	7.39 ± 0.63#※
工作环境						
对照组	2144	5.74 ± 1.91	2041	5.83 ± 1.37	1167	5.81 ± 1.85
干预组	3973	5.70 ± 0.73	3822	7.07 ± 0.28#※	2572	5.74 ± 0.80
化学品安全						
对照组	2329	7.32 ± 0.89	2235	7.52 ± 0.86	1675	7.37 ± 0.88
干预组	4902	6.79 ± 0.94※	4718	8.49 ± 0.47#	3517	7.58 ± 0.94#
粉尘防护						
对照组	2296	5.29 ± 3.07	2198	5.64 ± 1.88	1721	5.84 ± 2.97
干预组	4465	7.14 ± 0.48※	4137	8.34 ± 0.27※	3811	7.31 ± 0.73※
噪声控制						
对照组	2949	7.55 ± 0.57	2857	7.34 ± 1.49	1984	7.61 ± 0.68
干预组	5818	7.10 ± 0.29	5782	7.91 ± 0.48	4201	7.80 ± 0.23

注："#" 与培训前比较采用配对 T 检验，$P < 0.05$；"※" 与对照组比较采用独立样本 T 检验，$P < 0.05$。

4. 员工行为得分比较

比较干预组和对照组 3 个时间段行为得分，培训后立即和回访知识得分较培训前有提高。人体工效方面，干预组和对照组培训后立即得分较培训前有显著差异（$P < 0.05$），回访得分干预组高于对照组，差异有统计学意义（$P < 0.05$）；机器安全方面，干预组培训后立即得分与培训前比较差异均有统计学意义（$P < 0.05$）；工作环境方面，干预培训后立即得分与培训前和对照组立即得分比较差异有统计学意义（$P < 0.05$）；化学品安全方面，干预组培训后立即和回访得分与培训前和对照组立即得分比较差异有统计学意义（$P < 0.05$），回访得分显著高于培训前（$P < 0.05$）；粉尘方面，干预组培训后立即得分与培训前比较差异均有统计学意义（$P < 0.05$）；噪声方面，干预组培训后立即得分与培训前比较差异有统计学意义（$P < 0.05$），与对照组比较培训后立即和回访得分均有显著差异（$P < 0.05$）（表 3-8）。

表 3-8　不同培训内容行为得分比较

培训内容	培训前		培训后立即		回访	
	n	得分	n	得分	n	得分
人体工效学						
对照组	1786	6.57 ± 1.66	1649	7.68 ± 1.40#	1051	6.67 ± 1.25
干预组	3698	7.18 ± 0.32	3654	8.49 ± 0.27#	2491	7.62 ± 0.29※
机械安全						
对照组	2206	7.63 ± 0.94	2082	8.10 ± 0.85	1574	7.72 ± 1.07
干预组	4863	7.01 ± 0.57	4703	8.37 ± 0.37#	3264	7.60 ± 0.27
工作环境						
对照组	2144	6.76 ± 1.47	2041	6.73 ± 1.93	1167	6.71 ± 1.34
干预组	3973	6.68 ± 1.19	3822	8.30 ± 0.66#※	2572	7.14 ± 0.29
化学品安全						
对照组	2329	7.16 ± 0.21	2235	7.98 ± 1.00	1675	7.25 ± 0.46
干预组	4902	7.57 ± 0.40	4718	9.05 ± 0.62#※	3517	8.12 ± 0.90#※
粉尘防护						
对照组	2296	7.31 ± 0.83	2198	7.29 ± 2.92	1721	7.43 ± 0.97
干预组	4465	7.29 ± 0.15	4137	8.36 ± 0.40#	3811	7.58 ± 0.41
噪声控制						
对照组	2949	6.49 ± 1.26	2857	6.79 ± 2.36	1984	6.77 ± 1.62
干预组	5818	7.19 ± 0.87	5782	8.45 ± 0.98#※	4201	7.80 ± 0.82※

注：“#” 与培训前比较采用配对 t 检验，$P < 0.05$；“※” 与对照组比较采用独立样本 t 检验，$P < 0.05$。

5. 工人对两种培训的评价

干预组培训具有针对性特点，即根据各企业的工作场所情况制定课件，并用于目标企业的培训。培训过程中，干预组工人认为小组讨论和个人防护用品佩戴示范是对其较有帮助的内容（表 3-9）。对照组工人认为个人防护用品佩戴示范和导师讲课较为有帮助（这可能与对照组没有使用参与式授课方式有关）。

表 3-9　工人认为对其有帮助的内容

培训内容	干预组（n=7668）		对照组（n=3154）		P
	有效应答	构成比（%）	有效应答	构成比（%）	
小组讨论	2842	37.06	500	15.85	0.001
导师讲课	491	6.40	1005	31.87	0.001
模拟评估	840	10.96	272	8.63	0.013
个人防护用品佩戴示范	3074	40.09	1141	36.19	0.010
游戏	420	5.48	235	7.45	0.009
合计	7668	100	3154	100	–

分析工人对培训的评价中，发现 6 方面内容干预组工人评价率均高于对照组，干预组工人对培训能“提高职业健康安全知识”和“学会使用个人防护用品”正面评价较高，分别为 95.55% 和 96.13%，对照组工人对这两方面的正面评价也是最高的，说明培训有助于提高工人职业健康安全知识，同时也反映工人对个人防护用品的使用和佩戴缺乏专业的培训和指导。两种培训中的“个人防护用品佩戴示范”环节对工人帮助大，与表 3-10 结果相吻合。

表 3-10　工人对培训的评价

培训内容	干预组（n=7668）		对照组（n=3154）		P
	有效应答	构成比（%）	有效应答	构成比(%)	
提高职业健康安全知识	7327	95.55%	2729	86.52%	0.014
提高分析危害因素能力	6972	90.92%	2100	66.59%	0.001
学会使用个人防护用品	7371	96.13%	2596	82.32%	0.001
帮助其他工友	6571	85.70%	2378	75.40%	0.001
有信心提出建议	5922	77.23%	1876	59.49%	0.001
愿意介绍其他工人参加培训	7327	88.77%	2119	67.18%	0.001

五、企业安全行为与工伤发生情况

1. 企业作业场所环境改善情况

两组企业在改善工作环境、定期培训和成立安全机构或部门数量等方面有显著的差异（$P < 0.05$）（表 3–11）。

表 3–11　回访企业作业环境改善情况

项目	干预组（n=50）		对照组（n=50）		P
	数量	构成比（%）	数量	构成比（%）	
隐患整改企业	66	66.0	17	34.0	0.001
安全投入增长数	28	28.0	11	22.0	0.437
定期培训	84	84.0	34	68.0	0.034
成立安全机构	100	100	41	82.0	0.019

2. 企业工伤发生情况

干预组企业工伤发生率降低了 2.84‰，工伤发生率降低了一半，费用由原来的 502.7 万元降低到 217.4 万元，对照组工伤发生率和费用支出没有明显差异。见表 3–12。

表 3–12　两组企业报告工伤及费用情况（n，‰）

项目	干预组		对照组	
	培训前	回访	培训前	回访
总人数（n）	61 751	60 173	24 958	23 587
工伤人数（n，‰）	346（5.61）	163（2.71）	136（5.45）	117（4.96）
无伤残等级（n）	178	116	116	113
10	104	35	10	9
9	29	6	5	3
8	12	5	4	1
7	10	1	1	1
1	0	0	0	0
死亡	1	0	0	0
总费用（万元）	502.7	217.4	257.6	239.4

分析两组企业和工人分别报告的工伤发生情况，见表 3–13。干预组企业和工人报告的工伤发生率均有了降低，由培训前的 5.61‰和 31.74‰降到 2.71‰和 14.74‰，说明工伤预防参与式培训持续改善项目的实施，持续跟进，督促企业改进工作环境，对预防

工伤发生有积极促进作用。对照组企业和工人报告的工伤发生率有所降低，由培训前的5.45‰和32.52‰降到4.96‰和26.84‰，没有对照组的明显。说明干预组效果优于对照组。

表 3-13　两组工伤费用支出情况（n，‰）

组别	时期	企业数	总计（万元）	平均损失（元）	平均缺勤天数（d）	企业报告工伤发生率	工人报告工伤发生率
干预组	培训前	100	502.7	45 700	6.1	5.61‰	31.74‰
	回访	100	217.4	20 903	4.3	2.71‰	14.74‰
对照组	培训前	50	257.6	44 610	5.7	5.45‰	32.52‰
	回访	50	239.4	42 154	5..2	4.96‰	26.84‰

六、经济效益

1. 工伤保险基金节约情况

根据上述的经济损失计算方法，比较两组经济损失节约情况，如果以企业报告工伤发生率计算，干预组能节约332.7万元，对照组节约115.23万元，以工人自己报告工伤发生率计算，干预组节约435.67万元，对照组节约214.14万元。很显然，干预组节约的费用高于对照组。详见表3-14。

表 3-14　经济损失节约情况

组别	指标	工伤发生率	直接经济损失（万元）	间接经济损失（万元）	总的经济损失（万元）
干预组	企业报告工伤发生率	5.61‰	271.91	60.79	332.7
	工人报告工伤发生率	31.74‰	354.82	80.85	435.67
对照组	企业报告工伤发生率	5.45‰	90.45	24.78	115.23
	工人报告工伤发生率	32.52‰	217.78	46.36	214.14

2. 对企业生产效益的影响

完成普思培训的100家企业中，培训前有58家企业报告过去1年有发生工伤（经工伤部门已认定的），42家报告未发生工伤（含工伤事故影响小，未上报的，其中中小型企业37家，占比88.09%），各行业培训前后企业报告工伤情况见表3-15。分析培训前后报告工伤企业和未报告工伤企业总产值、缴税额和利润情况，比较工伤发生减少对企业的发展及经济利润的影响。表 3–13 显示培训后企业报告工伤率和工人报告工伤率均有降低，培训后发生工伤企业在总产值正常增长的情况下，缴税额和利润较培训前有显著的提高（$P < 0.05$），未发生工伤企业缴税额和利润也有增长，但不明显，见表 3–15。同时，培训后发生工伤企业平均缴税额和利润（166.9 万元和 221.5 万元）均高于未发生工伤企业（123.4 万元和 126.8 万元），说明降低工伤发生率能提高企业的生产效率和经济效益。这主要与工伤发生后导致误工、人员招聘、新员工入职培训和员工受伤后导致的交通、护理等费用支出有关（表 3–16）。

表 3–15　培训前后各行业企业报告工伤情况

行业类型	企业数	报告工伤企业数		工伤人数	
		培训前	回访	培训前	回访
包装	9	6	2	29	21
玻璃制品	2	2	2	8	3
电子	15	7	5	49	28
纺织	5	4	3	11	6
化工	7	3	1	8	5
家具制造	4	4	3	82	35
建筑	1	0	0	0	0
汽车配件	4	3	1	10	3
汽车维修	3	2	0	5	0
食品	3	1	0	1	0
五金塑胶	19	14	8	95	45
物流	2	1	1	7	3
橡胶	7	2	2	7	4
印刷	7	4	3	14	4
制鞋	2	2	2	7	3
制药	4	2	2	8	3
珠宝加工	3	1	0	2	0
自来水生产	3	0	0	0	0
合计	100	58	35	343	163

表 3-16　对企业生产效益的影响

指标	发生工伤企业（$n = 58$）		未发生工伤企业（$n = 42$）	
	前	后	前	后
总产值（万元）	895 331	1071 717	778 139※	902 781
缴税额（万元）	50 395	60 078#	41 033	46 214※
利润（万元）	43 872	56 719#	34 536	39 865※

注："#" 与培训前比较采用配对 t 检验，$P < 0.05$；"※" 与发生工伤企业比较采用独立样本 t 检验，$P < 0.05$。

在项目实施过程中，我们发现某企业在培训前 1 年和回访时工伤发生分别为 3 例（直接损失 5 万）和 1 例（直接损失 2 万），公司两时段的总产值分别为 1990 万元和 2000 万元，缴税额分别为 46 万和 50 万元，利润为 37 万元和 53 万元。在企业总产值不变的情况下，培训前后缴税额和利润有了明显提高。

七、相关政府部门就普思参与式培训项目成效调研情况

2014 年 12 月 11 日，广州市人社局工伤保险处、广州市安监局和广州市基金中心等领导，专门就工伤预防参与式培训持续改善项目成效进行了专项考核调研。此次调研包括抽查培训企业现场调研和项目执行后资料查阅调研。在企业现场调研中，企业负责人认为该项目巡查评估环节所提出的环境改善建议很适用，很有针对性，帮助企业解除了很多安全隐患。参训员工认为该项目提高了自己识别职业危害因素、防护意识和安全隐患排查的能力。广州市赛思达设备有限公司还当场赠送了锦旗给广东省工伤康复中心，并建成了首个由工伤预防专业机构和企业共建的工伤预防基地；在资料查阅过程中，调研组了解到 100 家企业享受"工伤预防参与式培训项目"后，总的工伤发生率与前一年相比从原来的 5.61‰下降到了 2.7‰，节约工伤保险基金 300 多万元，充分肯定了工伤预防参与式培训项目取得的成效。同时也希望该项目以后能在广州市大力推广，更希望能在全省乃至全国予以大力推广，对广东省工伤康复中心这种以社会为责任的创新理念给予了高度赞赏，对工伤预防科全体人员的工作能力和饱满的工作热情给予了高度评价。

八、社会效益

1. 对员工和家人的影响

工伤预防普思参与式持续改善项目在提高广大职工工伤预防意识、降低工伤发生率及经济损失的同时发挥良好的社会效益。劳动者一旦发生工伤，对职工本人及其家庭、

企业都是一个沉重的打击，如处理不善还容易诱发社会矛盾激化，不利于社会和谐。对员工本人而言，工伤的发生不仅对其身心造成伤害，如造成身体残障还影响其劳动能力；对其家庭而言，工伤职工受伤前往往是家庭的主要经济支柱，一旦受伤则对家庭生活质量和稳定产生极大影响，具体体现在以下几个方面。

（1）员工工伤预防意识有所加强，能有效防止工伤的发生：据文献报道，80% 的工伤事故是人为的，其中大部分是由于工伤预防意识薄弱。通过普思参与式培训持续改善项目的开展，员工本人在工伤预防、安全生产和健康意识方面有了一定的提高，工伤预防知识有所增加，能有效降低实际工作中工伤事故的发生，还能不断排查不利于生产工作的隐患，对员工的人身安全起到了重要的警示作用。同时，员工将自己所学的知识，尤其是通俗、易懂、易操作的相关知识与家人或亲朋好友分享，能影响和加强员工周边人群的工伤预防意识。

（2）心理压力有所缓解，有利于提高工作效率：在一个工伤事故频发的单位，员工的心理紧张程度较正常人高，长期心理紧张，容易出现不同程度的心理问题，一旦心理严重到影响人的正常社交功能的时候就容易出现安全事故。在培训后和回访过程中，在与员工的交谈中，了解到通过普思参与式培训持续改善项目的实施，员工认为企业对个人的身心健康更加重视了，领导工伤预防意识有所增强，员工的工伤预防意识也有了较大程度的增强，尤其有了一种被重视和关爱的感觉，上班的心理紧张程度有了明显缓解，提高了员工的积极性，最大限度发挥员工的潜能，工作效率有所提高，安全事故明显下降，有利于企业的生产与发展。

（3）员工的幸福感有所提高，有利于家庭和社会和谐稳定：由于工作环境、仪器设备老化等原因导致的工伤事故，不仅给员工和家庭带来了经济负担，还给患者带来了沉重的身体和心理伤害，甚至因重度受伤而导致离婚，被家人抛弃，小孩无人看管，老人无人照顾等等社会问题。在 2012 年因工烧伤患者卫生经济学研究调查中，广州市一名 23 岁的已婚育有一子的男性软件工程师，因工作环境中易燃物品摆放不规范导致其烧伤面积达 90% 的特重度患者，从医疗救治到康复总共花费约 500 多万元（不含单位支付的护理费、特殊药品的使用以及工伤保险基金的赔偿费），出院时患者生活仍不能完全自理，需要请人照护，由于毁容严重，患者不愿外出和参与外出活动，即使进行了大量心理干预，但效果不理想，在生存质量测量中，患者认为自己比死亡更痛苦，多次尝试自杀。自普思参与式培训持续改善项目实施后，企业工伤事故有所下降，能更好地保障员工的安全生产和身体健康，让员工开心上班，家人放心，员工的生存质量和幸福感明显增高，促进社会和谐稳定。

2. 对企业的影响

（1）现场工作环境巡查促进了企业工作环境的改善：现场工作环境分析评估是通过职业安全健康专家对企业各主要工种的工作环境进行现场巡查评估，并通过评估报告的形式将评估发现的主要风险和改善建议提供给企业，以指导其进行改善。

在调查中，企业和员工认为工作环境巡查对企业的工伤预防指导具有非常重要的作用，认为专家在评估报告中提到的建议对企业进行工作环境改善和工伤预防管理建设具有很好的指导意义。在该项目的实施过程中，为企业提出了一系列成本低，实用强，切实可行的改善措施，企业的工作环境有了明显改善，具体改善情况。从 2014 年培训的 100 家企业来看，回访时有 66 家企业（66%）对工作环境进行改善，有 28（18%）家企业增长了安全和职业卫生方面的投入,100 家（100%）企业均有成立安全机构或部门，实实在在指导并协助企业工作环境改善，体现了后期跟进指导和督促的效果。

（2）持续跟进回访起到了企业工作环境可持续改善的作用：普思参与式培训持续改善项目的成效不仅体现在接受本中心直接培训工人产生的效益和现场工作环境分析评估对企业工作环境改善的指导作用，还应体现在为企业建立工伤预防委员后对企业工作环境进行持续改善产生的积极效益和企业参与式培训导师再培训工人产生的效益。而且工伤预防委员会和参与式培训导师将会是长期发挥作用。普思参与式培训持续改善项目将提供长期持续跟进回访服务。

据统计，100 家企业的工伤预防委员会及参与式培训导师，在随访期间，各企业至少组织了两次工伤预防委员会会议讨论企业工伤预防相关事宜或组织开展工伤预防相关的培训宣传活动，对企业安全文化建设起到促进作用。

（3）提高企业生产效率，降低重复培训的支出：通过该项目的实施，企业中工伤事故发生率下降，员工缺勤日、缺勤率和离职率下降，员工技术掌握的熟练程度和工作的效率有所提高。减少因招聘广告、新员工入职前培训的支出和低效率工作的情况，有利于企业的发展壮大。

3. 对社会的影响

（1）对社会的稳定起促进作用：众所周知，社会的稳定和发展是依靠每个社区，社区的稳定和发展来自于家庭，家庭的幸福和平安，表现在每个家庭成员身上。社会的不安全因素中，有部分人是来自无经济来源、无社会支持、无学历文凭、无健全体魄的“四无”人，他们通过上访、制造事端等行为来引起社会的关注达到维护自己权益的目的。当今，个别无良企业对因职业伤害导致的员工或因工受伤的员工所需的大笔资金，采取耍赖、拖欠、拒不承担责任或走人等行为，导致事件恶化，患者不得不寻求政府出面，当政府处理不当或不利或不能达到其目的时，就容易出现社会不和谐不稳定的局面。普思参与式培训持续改善项目的推广，能让员工加强自身安全保护，防止工伤事故的发生，稳定家庭，促进社会的稳定发展。在广州市推广普思参与式培训持续改善项目，是广州市创建“幸福、平安广州”的重要举措。

（2）为我国的工伤预防工作，找到了新思路和新技术：目前，我国的工伤预防工作还处于思想固化，措施单一，成效有限的阶段。广州市两度成为国家人社部工伤预防试点城市之一，现已通过摸索和反复尝试，找到了一套经得起推敲、切实有效、惠及广大员工和企业的工伤预防培训模式，这是我国工伤预防工作中的重要突破，也将惠及数以万计的企业和员工家庭，为创建和谐社会，实现伟大“中国梦”尽人社部门的绵薄之力。

（3）形成了一套具有广州特色的工伤预防培训模式：普思参与式培训持续改善项目是日本、香港和东南亚等国广泛使用的一套投入少、回报高适合中小型企业工伤预防培训的项目。广州市自2012年开始引入该项目，在推广过程中，反复调试各种调查量表，对巡查方式、巡查报告的书写、培训时间、培训内容和培训方式等根据培训企业的实际情况和要求进行了多次调整。最后综合广州市企业实际情况、企业生产现状、行业规模、工艺流程、职业健康安全现状、政策和工人受教育程度及行为习惯等因素，在已有的工作基础上进一步完善和优化普思项目的内容和实施形式，终于探索出了一套企业高度认可、员工容易接受、反响好、投入小、成效显著且具有广州特色的工伤预防普思职业安全健康促进项目，并取名为“现场互动与持续改善式工伤预防培训项目”。该项目与日本、香港的普思项目其形式和目的是一致的，但因为培训对象和文化的差异，我们进行了改良，让其更适应大陆企业，主要体现在以下几个不同之处。

1）工作流程更贴近实际：原来的普思项目其工作流程的六步是相对独立和分开的，每一步都遵循先后顺序，在项目实施中，因考虑到不影响企业的生产，我们将巡查和座谈放在一起，将工伤预防委员会的成立从首次访谈开始，就着手成立或将功能增加到已有的组织来实现工伤预防委员会的职能，香港的普思项目是无论单位是否具有相同职能的组织都必须成立一个工伤预防委员会，这对具有相同职能组织的企业来说，勉为其难或多此一举了（经与日本和香港方多次沟通后得知，日本或香港方企业在培训前尚未配备具有工伤预防委员会职能的组织）。

2）工作环境巡查方式多样化：根据企业要求，工作环境巡查采取多种方式，如请一线员工或班组长说各工种的工伤危险因素，根据企业工艺流程进行工作环境巡查或跟着企业员工上班一天，在企业某岗位上体验等，或通过安全管理员的充分交谈与实地巡查等方式。

3）课程设计和课程内容更加完善：在课程设计和课程内容方面有了较大改动，随着国内大学教育的普及化，网络信息的快速传播，工人文化总体水平有了很大程度的提高，工人对工伤预防知识的了解也逐渐增多，工伤预防意识也在逐步提升。根据这一点，在培训内容方面除了一些基础培训课程外，还添加了更多适合和贴近企业工伤预防方面的课件内容，如情绪管理、压力管理、意外伤害现场处理与急救常识、伤残管理等实用和针对性更强的课程。

4）授课方式更具有吸引力：改良了的互动与持续改善项目采取大量的案例分析、

现场观摩和小组讨论外，还增加了工伤职工的现身说法，良好案例和不良案例的对比，更加注重互动性、趣味性和知识性，让员工在讨论和游戏中掌握到所需工伤预防知识，充分调动员工的参与性，让员工更容易接受和掌握，让员工主动参与到持续改善职业安全健康项目中来，形成一种持续改善的安全文化。

5）巡查、培训时间更灵活：为了避免生产和培训的冲突或矛盾，互动与持续改善项目在时间的安排上更机动、更灵活，培训时间的长短也相对灵活，部分培训内容，充分利用企业晨训时间进行讲解和传授，让员工在不经意中接受并对某些知识进行了强化。每次培训时间尽量不超过 4 个小时，防止员工因培训时间过长而导致听课纪律松散、心理疲惫，接受程度差。

项目实践结果表明，普思参与式培训持续改善项目有助于提高工人的知识、信念和行为，企业高度认可，员工容易接受；采用普思参与式培训持续改善培训项目干预过的企业，其企业工伤发生率和工人自报工伤发生率方面均明显下降，工伤预防成效显著；普思参与式培训持续改善项目具有较好的经济和社会效益，对员工、企业和社会都起着不同意义的影响，其经济和社会效益的影响，随着服务对象的增加，将远超于我们所估计的，值得大范围内推广。

第三节　区县协同发力，成都市工伤预防工作实践——创新工伤预防机制，构筑平安“防火墙”

成都市作为国家人社部 2013 年底确定的全国 50 个工伤预防试点城市之一，2014 年正式启动，从 2015 年开始工伤预防试点工作，并将此项工作列为全市深化改革项目，2015 年在该市武侯区、温江区、邛崃市、金堂县四个区（市）县开展试点，后扩大到 9 个区（市）县，在市人社局指导下，试点区（市）县勇于探索，积极创新，通过建立区、街道、社区“三级联动”机制，主动解决试点工作中的困难和问题，突出工伤预防针对性、知识性、趣味性和时代性要求，积极引导社会力量采取工伤预防“五进”措施，使工伤预防走进企业、走进车间、走进工地、走进街道、走进社区，并结合前两年试点经验，积极营造浓厚的工伤预防文化氛围，工伤预防宣传和培训项目达到全覆盖，为企业发展创造了良好的发展环境，受到了企业和职工高度评价。三年来，共计安排工伤预防经费 863.21 万元，通过工伤预防宣传、培训，全市工伤参保数人数从 2015 年的 346.11 万人增长至 2017 年的 423.81 万人，增长 22%；工伤案件从 2015 年的 12 700 余件下降至 2017 年的 10 991 件，下降 13.5%；工伤保险基金支出从 2015 年的 5.63 亿元下降至

2017年的4.44亿元，下降21%。

一、强化组织领导，建立健全工作机制和制度体系

（1）坚持政府主导部门联动：市和各试点区（市）县均建立了工伤预防试点联席会议制度，形成了齐抓共管工作格局。市级成立了人社、财政、卫计、安监四部门联席会议制度；武侯区注重加强组织领导，统筹各方力量，将联席会议制度提升到区政府层级，并形成了15个政府部门共同参与的联动机制；青白江区、新都区、金牛区、郫都区、温江区、邛崃市、金堂县均建立了人社部门牵头、多部门参与的联动机制。

（2）构建政策体系：2014年我市出台了《成都市工伤预防试点管理暂行办法》《成都市工伤预防试点业务经办管理规程》，确定了试点原则、范围、部门职责、基金管理、项目确定、项目管理、经费使用、机构条件、绩效评估、项目监督，以及工伤预防费预算管理、结算支付、第三方机构的监督核查等相关制度和业务经办流程，2016年在总结试点区（市）县成功经验基础上，形成了《成都市工伤预防试点管理办法》，并出台了《成都市工伤预防试点业务经办管理规程》，9个试点区（市）县相应完善了实施细则和措施办法，其中，武侯区政府办制定出台了《成都市武侯区工伤预防试点管理办法》，进一步强化了政府在工伤预防工作中牵头引领作用。

（3）建立健全了部门联动的项目验收和项目监督工作小组，为实施项目管理提供了组织保证。武侯区率先通过建立健全预案机制、责任机制、巡查机制、考核机制、奖惩机制，实现了安全社区建设与工伤预防试点工作有机结合，进一步创新了工伤预防新模式。邛崃市建立了驻人社局纪检组、行政科室和医保局组成的项目工作招标评审及监督验收工作组。

二、强化过程监督，切实做到全要素全方位责任落实

（1）各试点区（市）县严格按照市下达的“年度实施计划”，通过对用人单位工伤事故和职业病发生率、工亡和高等级伤残、工伤保险费支缴率等数据比对，依据客观数据制定“年度实施方案”，确定本地区工伤预防工作的重点行业、重点单位、重点岗位、重点人员，使工伤预防目标明确，有的放矢。金堂县针对“成阿工业园区”入驻企业多、生产员工多、安全管理任务重的特点，将其纳入工伤预防试点的重点区域，经过实施宣传、培训项目，2017年工伤事故发生率同比下降28%，工伤保险参保率提升3%，预防效果初步显现。

（2）严格按规定标准、按实际需求科学编制工伤预防实施项目招标文件，参照政府采购程序确定由第三方社会经济组织实施工伤预防宣传和培训项目，充分体现了“公开、公平、优质、高效”的原则。

（3）着力构建事前预防、事中监管和事后考评机制，项目监督小组成员坚持全方

位、全过程对项目实施进行跟踪、检查和监督，项目验收小组严格对照项目合同和项目完成情况进行检查验收，确保项目实施程序规范、基金安全和质量保证，有效防止做而不实的情况发生。

三、强化问题导向，工伤预防试点工作成效明显

（1）针对工伤预防试点项目资金量小、收益率低、政府采购容易流标的现状，试点区（市）县认真查找原因教训，科学编制招标文件，积极主动协调政府采购部门，顺利通过公开招投标或者竞争性谈判方式完成了政府采购阶段性任务，为全市扩大工伤预防试点范围提供了宝贵经验。

（2）关注社会需求，开展形式多样的宣传，工伤预防知晓度明显提升。近三年全市开展集中宣传 330 余场次，制作展板 550 余块（条）、发放宣传资料近 120 万份。2017 年全市开展工伤预防大讲堂 23 次，涉及重点企业 185 家。2017 年 10 月下旬至 11 月初，成都市开展了“预防工伤、共筑安康”“预防工伤、大爱无疆”等系列主题文艺巡回演出活动，受到各相关媒体、社会、企业和职工广泛关注、参与和赞誉，充分调动了员工参与工伤预防的积极性，企业和街道、社区结合工伤预防主题参与演出人员达 4000 人，进一步扩大了工伤保险制度的影响面和知晓面。《人民日报社》数字四川、四川新闻网、《四川劳动保障杂志》等媒体先后报道了区（市）县的工伤预防新经验、新做法、新成效。青白江拍摄的工伤保险微电影登上“中国工伤保险”微信公众平台，并获得全国优秀影视作品评选第 1 名；武侯区工伤预防试点做法被“中国工伤保险”微信公众平台推选为全国工伤保险工作十大亮点并被评选为第 2 名。

（3）从安全生产主体责任入手，按照不同单位不同岗位的特点进行工伤危害隐患排查，针对隐患开展安全生产知识和技能培训，项目适用性强。广东工伤康复中心作为通过政府采购程序引进的第三方机构，积极开展“一对一”互动式员工培训 10 144 人次，对 182 家重点企业进行巡查，通过对重点单位进行工伤危险因素现场巡查评估，采取情景模拟、案例分析、分组讨论、事故说理、互动游戏、角色互换、实践演练等方式，对单位负责人、安全管理员、社保经办人、车间班组长和一线员工，开展具有普识性、针对性、有效性和个性化的培训，最大限度调动培训对象的积极性，从“人员—机器—物件—环境”四个方面为企业提供最急需、最实用和最有效的工伤预防技能培训，深受用人单位和职工好评。

参考文献

[1] 徐蛟 . 资源配置视角下四川省残疾人体育健身公共服务体系的构建研究 [C]. 中国体育科学学会 . 第十一届全国体育科学大会论文摘要汇编 . 中国体育科学学会：中国体育科学学会，2019：6745–6747.

[2] 吴菁，杨旦红，陈磊，等 . 上海金山工业区残疾人“1+1+1”家庭医生签约服务效果评价 [J]. 实用预防医学，2019，26（02）：166–169.

[3] 周沛 . 基于“共建共治共享”的残疾人基本公共服务探析 [J]. 江淮论坛，2019（02）：129–136.

[4] 罗文焕 . 工伤预防参与式培训效果评价 [J]. 中国医药科学，2019，9（08）：255–257.

[5] 文灼光 . 残疾人托养服务的现状与标准体系建设分析 [J]. 中国标准化，2019（10）：226–227.

[6] 朱美婷，陈浔，钟敬堂 . 佛山市重度残疾人托养服务现状与思考 [J]. 才智，2019（17）：243.

[7] 王亚奇，宋庆兰 .“社会工作 +”模式下贵州省贫困地区残疾人关爱服务体系的介入研究 [J]. 遵义师范学院学报，2019，21（04）：67–71.

[8] 袁焕 . 三个国家工伤预防探究及启示 [J]. 中国医疗保险，2019（10）：72–74.

[9] 周进萍 . 新时代残疾人就业服务精准供给的路径研究 [J]. 残疾人研究，2019（03）：56–62.

[10] 陈刚 . 工伤保险 70 年：改革创新发展 [J]. 劳动保护，2019（10）：28–31.

[11] 郑玄波 . 七十年砥砺奋进工伤保险制度发展迈进新时代 [J]. 中国人力资源社会保障，2019（10）：21–23.

[12] 郑玄波 . 筑牢“职业安全网”：我国工伤保险制度改革 70 年 [J]. 中国人事科学，2019（09）：81–88.

[13] 左保军 . 浅谈工伤保险制度的工伤预防机制 [J]. 中外企业家，2019（34）：175–176.

[14] 熊晓锐 . 残疾人精准康复服务研究 [D]. 南京大学，2019.

[15] 辛小童 . 济南市工伤预防机制建设研究 [D]. 山东财经大学，2018.

[16] 叶韵萍 . 关于残疾人需求与服务预算管理的几点思考 [J]. 现代经济信息，2018（01）：196–197.

[17] 谈志林，谈飞琼 . 构建残疾人事业 3.0 时代——从基本保障到社会服务 [J]. 残疾人研究，2018（03）：43–50.

[18] 周焕春，何转霞 . 提升融合质量完善服务体系——《新西兰残疾人政策（2016—2026）》述评 [J]. 社会福利（理论版），2018（06）：29–32+28.

[19] 刘江 . 效果导向的项目管理指标体系研究——基于 128 个残疾人服务项目评估结果的量化分析 [J]. 社会建设，2018，5（05）：55–63.

[20] Munoz Nancy，Posthauer Mary Ellen，Cereda Emanuele，Schols Jos M G A，Haesler Emily. The Role of Nutrition for Pressure Injury Prevention and Healing： The 2019 International Clinical Practice Guideline Recommendations.[J]. Advances in skin & wound care，2020，33（3）.

[21] Mansfield Sam，Obraczka Katia，Roy Huvo. Pressure Injury Prevention： A Survey.[J]. IEEE reviews in biomedical engineering，2020，13.

[22] The Role of Nutrition for Pressure Injury Prevention and Healing： The 2019 International Clinical Practice Guideline Recommendations.[J]. Advances in skin & wound care，2020，33（3）.

[23] 代亚娟 . 劳动者工伤预防管理措施探究 [J]. 劳动保障世界，2020（02）：41.

[24] 李永胜 . 我国工伤保险预防机制的实践分析 [J]. 山西农经，2020（01）：142–143.

[25] 李辉 . 打造共建共治共享工伤预防工作新格局 [N]. 中国劳动保障报，2019–11–27（005）.

[26] 赵申 . 阜新市工伤预防机制研究 [D]. 辽宁工程技术大学，2018.

[27] 邵燕虹 . 我国工伤预防现状及对策研究 [D]. 南昌大学，2018.

[28] 乐已扬 . 完善宁波工伤康复服务体系研究 [D]. 宁波大学，2017.

[29] 蔡雨净 . 钢铁企业工伤预防现状分析及对策研究 [D]. 西南交通大学，2017.

[30] 莫非 . 论我国工伤保险“三位一体”制度的完善 [D]. 西北大学，2017.

[31] 易芳 . 当前我国工伤保险制度的困境与突破 [D]. 江西财经大学，2018.

[32] 堵晨兰 . 政府工伤预防问题的完善研究 [D]. 华东政法大学，2016.

[33] 赵祎 . 工伤预防工作机制的组织构建 [D]. 东南大学，2016.

[34] 于健 . 大连建筑业农民工工伤预防体系建设调查研究 [D]. 大连理工大学，2015.

[35] 迟成 . 大连庄河市工伤预防管理方式创新研究 [D]. 大连理工大学，2014.

[36] 史佳．工伤预防费激励中小企业职业伤害预防的机制研究 [D]. 华东师范大学，2015.
[37] 李晶．强化工伤保险的工伤预防功能研究 [D]. 河北大学，2014.
[38] 刘柱．天津市工伤预防现状分析及相关对策研究 [D]. 天津大学，2013.
[39] 朱明利．我国农民工工伤预防机制研究 [D]. 云南大学，2013.
[40] 齐新波．建筑生产安全事故预防基金研究 [D]. 重庆大学，2013.
[41] 刘丽．工伤保险基金中的预防费用管理研究 [D]. 首都经济贸易大学，2012.
[42] 王彩钰．建立健全我国工伤预防机制的经济学研究 [D]. 北京交通大学，2011.
[43] 王珊．加强工伤预防管理的对策分析 [D]. 山东大学，2010.
[44] 娄根启．基于委托代理视角的我国工伤保险事故预防机制研究 [D]. 浙江财经学院，2010.
[45] 孙华．我国工伤预防机制探析 [D]. 厦门大学，2009.
[46] 田怡．我国工伤预防管理体制研究 [D]. 西北大学，2008.
[47] 钟巍．我国工伤预防管理的问题及对策研究 [D]. 湖南大学，2008.
[48] 张南强．基于预防工伤和职业病目的的企业人因工程研究 [D]. 天津大学，2005.
[49] 张学文，刘辉霞．现场互动与持续改善式工伤预防服务模式实施手册 [M]. 中国劳动保障出版社，北京，2016.
[50] 樊卫东．积极稳妥推进长期护理保险试点的思考 [J]. 中国医疗保险，2017（10）：30–32.
[51] 刘辉霞．工伤预防工作开展现状思考 [J]. 劳动保护，2020（08）：93–97.
[52] 阳煜，刘辉霞，彭静志．经济损失视角下新业态从业人员工伤预防的重要性探析 [J]. 中国市场，2020（20）：163+166.
[53] 刘辉霞，夏季．广东省工伤预防服务体系建设现状与思考 [J]. 劳动保护，2020（10）：99–101.
[54] 刘辉霞，张攀．构建工伤预防体系探索 [J]. 中国社会保障，2020（06）：58–59.
[55] 梁法岩，朱荣华．山东聊城：“三位一体”防范因工伤致贫返贫 [J]. 中国人力资源社会保障，2020（11）：30–31.
[56] 王国锋．关于现场互动与持续改善式工伤预防培训模式的思考 [J]. 安全与健康，2020（09）：41–43+46.